21世纪高等学校计算机规划教材

21st Century University Planned Textbooks of Computer Science

数据库应用
初级教程

Database Application Elementary Course

朱怀宏 主编

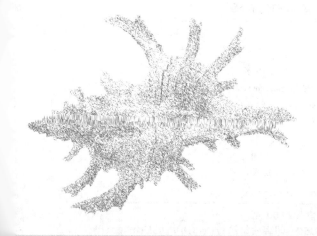

高校系列

人 民 邮 电 出 版 社

北 京

图书在版编目（ＣＩＰ）数据

数据库应用初级教程 / 朱怀宏主编. -- 北京：人
民邮电出版社，2013.2（2020.3重印）
21世纪高等学校计算机规划教材. 高校系列
ISBN 978-7-115-28901-8

Ⅰ．①数… Ⅱ．①朱… Ⅲ．①数据库系统－高等学校
－教材 Ⅳ．①TP311.13

中国版本图书馆CIP数据核字(2012)第317906号

内 容 提 要

本书为数据库应用初级教程，强调初学者对数据库的初级应用，避免涉及编程、开发等初学者和非计算机专业人员头痛的问题。尤其是对成人教育学生来说，本书能够使他们用较短的时间学会在实际工作中使用数据库。

本书以 Microsoft Access 2003 关系型数据库为背景，所有操作均以 Access 2003 软件为基础。全书由数据库基础知识、Access 2003 数据库简介、建立数据表、设计查询、窗体、报表和数据访问页 7 章组成。

本书适用于非计算机专业和成人教育相关专业开设的数据库初级应用课程，同时也适合需要掌握数据库应用而又不要求编程的自学者。

21 世纪高等学校计算机规划教材-高校系列

数据库应用初级教程

◆ 主　　编　朱怀宏
　　责任编辑　武恩玉

◆ 人民邮电出版社出版发行　　北京市丰台区成寿寺路 11 号
　　邮编　100164　 电子邮件　315@ptpress.com.cn
　　网址　http://www.ptpress.com.cn
　　固安县铭成印刷有限公司印刷

◆ 开本：787×1092　　　1/16
　　印张：12　　　　　　　2013 年 2 月第 1 版
　　字数：312 千字　　　　2020 年 3 月河北第 10 次印刷

ISBN 978-7-115-28901-8

定价：29.00 元

读者服务热线：(010)81055256　 印装质量热线：(010)81055316
反盗版热线：(010)81055315

前　言

数据库系统技术是目前计算机科学技术中应用较为广泛的技术。对于非计算机专业的各类人员来说，他们只需要了解一些最基本的数据库知识，重要的是能够尽快使用数据库去解决一般的数据处理问题。而目前市面上出版的数据库应用教材均是大而全地从数据库基础理论、某数据库管理系统软件的详细描述和设计开发完整的数据库应用系统三大方面进行描述。因此在一学期的课程时间里，往往达不到预想的效果。而本书力图改变大而全的，学生来不及消化的学习内容，最终考试的主要内容是类似做数学题一样地做些理论题的状况。

本书的最大特点是避免涉及编程、开发等初学者和非计算机专业人员不可能在短时间内掌握的内容，强调用户对数据库系统的一般实际应用。编者认为在一学期中对数据库知识和技术进行全面掌握并开发出数据库应用系统是不太现实的。

本书的学习目标是：学习者会将工作中或日常生活中涉及的一些应用数据转变为表格形式的数据放入 Access 2003 中，建成若干数据库里的数据表；学会对数据表的各种基本操作，并不要求对每种操作的细节很熟悉，只要求对符合自己习惯的，且对学习、工作中涉及的数据处理相关的操作，进行熟练的应用。

Microsoft Office Access 是目前最简单、实用的数据库管理系统。本书以 Access 2003 关系型数据库为背景，包含数据库基础知识、Access 2003 数据库简介、建立数据表、设计查询、窗体、报表和数据访问页 7 章内容，将数据库的基本知识、实际操作融入其中。读者通过直接使用 Access 2003 来掌握数据库基本知识和操作。形象地说，读者通过本书的学习可以入门并上第一个台阶，在此基础上可以根据读者的不同需要进一步学习 Access 2003 的复杂功能，或者学习使用其他数据库系统软件。

本书的基本理论与概念介绍主要放在第 1 章，着重介绍数据库的入门知识，理论方面仅强调与后面应用章节中的操作直接相关的部分，比如关系运算、设置查询条件等。重点要求第 3 章建立数据表和第 4 章设计查询，可以满足在实际工作中对数据的输入、查询、统计、计算等最常用的数据处理；其次是窗体和报表，可以满足显示、编辑、输出、美化等要求。

本书可以按照一学期每周 3～4 个学时进行教学，其中可以安排上机操作或者另行安排上机实习时间。书中每种应用功能均有实例或操作步骤，可以作为实习的主要内容。以此为基础，教师可以布置或让学生自己提出类似的实习操作题。

本书的基本要求和基本目标可以各用一句话来概括。要求："理解基本概念，动手上机实践。"目标："会建立数据表，并设置简单查询"。

朱宇希、王波、胡冬艳、吴义敬、葛佳敏、夏黎春等参与了本书的编写工作。本书是教学一线的实践成果与经验总结，感谢相关师生的支持与配合。

由于编者水平有限，书中难免有不足之处，欢迎广大读者批评指正。

编　者

2013 年 1 月

目　录

第1章
数据库基础知识

随着人类社会的进步和信息技术的发展，人们对复杂数据管理的需求越来越强烈，必须解决在现有计算机系统中如何准确地表示数据，如何有效地采集与组织数据，以及如何高效地存储和处理数据。面对数据量的爆炸式增长，在20世纪60年代末期，人类发明了有效处理数据的数据库系统，作为信息系统核心和基础的数据库技术在随后的日子里得到了越来越广泛的应用与发展，数据库技术已经成为计算机科学与技术的一个重要研究方向。

本章主要介绍数据库系统的基本概念、特征、组成、数据模型以及关系数据库的一些基本理论知识。

1.1 数据管理的需求及相关技术的发展

实际情况是，一方面数据量越来越大，另一方面相关的处理技术不断提高，两者互相促进、不断发展并有所突破。通常根据相关有代表性的技术，将数据处理或管理人为划分成若干阶段。

1.1.1 人工管理阶段

自20世纪40年代电子数字计算机问世至50年代中期，计算机主要用于科学计算。硬件方面的性能处于初级阶段。没有专门针对数据管理的软件，数据是与其相关程序绑定在一起的，即由专业程序员编制的应用程序与数据不可分离，或者说数据是编制在程序中的。当数据有变动时，必须由程序员去修改程序，数据没有独立性。另一个问题是各程序中自带的数据不能互相传递，没有共享性，各应用程序之间存在大量的重复数据，即数据存在大量冗余。对于存储结构、存取方式、输入输出等都要由相应程序的设计人员自己编制。此阶段的数据不能单独长期保存，它们在程序运行时起作用，当携带数据的程序运行结束退出计算机系统后，它的数据也不起作用了，应用程序和数据之间是一一对应关系，如图1.1所示。

图 1.1　人工管理阶段应用程序与数据集合的对应关系

1.1.2　文件管理阶段

20 世纪 50 年代后期至 60 年代中期，随着计算机软硬件的发展，硬件方面出现大容量的磁带、磁鼓、磁盘外存储器，软件方面出现了高级语言和操作系统，而操作系统的主要功能之一就是有专门进行数据管理的文件系统部分。

在文件管理阶段，程序和数据分开存放于程序文件和数据文件中，而数据文件可以脱离应用程序而独立存放在存储器中，并且可以被多次存取。此时程序若要使用数据，只需用相关文件名去调用其数据，大量数据不必放在程序中了，程序编制者的精力也可集中于算法及程序的高效率上，但是程序和数据之间只能说具有一定的独立性，而不是说数据已经完全独立出来了。此时的数据文件是针对特定应用领域而专门设计的，其相关的应用程序也是与这种特定的文件结构对应的。程序和数据文件相互依赖，如果数据的结构有所改变，必须修改相关的程序，反之程序结构一旦有所变化，

也必须修改相应数据的结构，另一个问题是同一个数据可能重复出现在它要被使用的多个文件中，导致数据冗余量大。更为严重的是当一个文件中的某数据被修改时，位于其他文件中的同一个数据不能统一修改，造成数据的不一致性，导致出现错误。应用程序与数据之间的对应关系如图 1.2 所示。

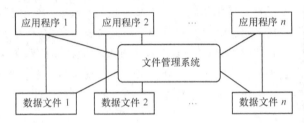

图 1.2　文件管理阶段应用程序与数据之间的关系

1.1.3　数据库管理阶段

到了 20 世纪 60 年代，计算机的应用范围越来越广泛，数据量急剧增加，数据管理变得越来越复杂，人们希望实现共享数据的要求越来越迫切，同时硬件方面已出现大容量的磁盘。在这样的背景下，解决计算机系统中如何准确地表示数据，如何有效地获取与组织数据，以及如何高效地存储和处理数据成为可能。同时，以文件系统作为数据管理的方式已经不能满足时代的需求。在 60 年代后期，人们逐步开发成功了以统一管理和共享数据为主要特征的数据库系统（DataBase System，DBS），进入了数据库管理阶段。在数据库系统中，数据不再仅仅服务于单个程序或用户，而是按一定的结构存储于数据库，成为一种可以被多个程序或用户共享的资源，由称为数据库管理系统（DataBase Management System，DBMS）的特定软件进行管理。在这样的管理方式中，应用程序不再是只能与一个针对它的数据文件相对应，而是由 DBMS 实现多个程序与多个数据文件的对应使用，实现了应用程序灵活方便地对数据的访问和管理，数据与程序之间是一种完全独立的关系，所编程序的质量大大提高；另外各不同的数据文件之间可以建立关联，克服了冗余量大的问题，提高了数据的共享性。应用程序与数据之间的对应关系如图 1.3 所示。

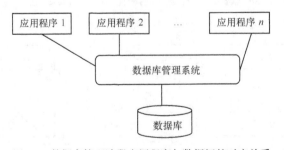

图 1.3　数据库管理阶段应用程序与数据间的对应关系

1.2　数据库系统

1.2.1　数据库的基本概念

数据库的基本概念一般包含数据、信息、数据结构、数据处理、数据库、数据库管理系统、数据库应用系统、数据库管理员、数据库系统等。

1．数据

数据（Data）是指对事物进行描述的一种符号，是信息的载体。最简单、常见的数据是数字。实际上数据有多种表现形式，比如文字、图形、图像、声音、身份证等都是数据，它们都可以经过数字化转换后存入目前常见的电子数字计算机中进行处理，而对数据库来说数据则是其中存储的基本对象。

2．信息

到目前为止对于信息（Information）还没有一个唯一、精确的定义，一般把信息描述为经过加工处理的有用数据，信息具有真实性、确定性、共享性、有用性和扩散性。信息通常以数据的形式表示。

3．数据结构

数据结构指由某一数据元素的集合和该集合中数据元素之间的关系组成。也就是说把某些形式上、含义上类同的、相关的数据集中在一起，规定这些元素之间的关系，并且用特定的形式进行描述。

4．数据处理

数据处理（Data Processing）通常指数据的采集、存储、检索、变换、加工等方面，在计算机的数据库系统中一般指对信息相关联的数据进行处理，其核心是数据管理。

5．数据库

数据库（Data Base，DB）类似于工厂存放零配件的仓库，其中各种物品分门别类，按照一定的次序、规则存放，而数据库中存放的是各种数据，是放数据的仓库，它们按照一定的格式存放于计算机系统的存储设备上，同时保存在其中的还有相关数据之间的关系。

比较专业化的解释是，数据库是指可以长时间地存储在计算机系统内的，有组织、可共享的数据集合。通常是为了实现一定的目标，而构建一个数据库，其中的数据按一定的数据模型组织、描述和存放，具有较低的冗余度、较高的数据独立性和易扩展性，它不仅仅是针对某一项指定的应用，而是面向多种应用，可以被多个用户、多个应用程序共享，比如说教学管理数据库中的课表数据可给老师、学生、教室管理部门等多方使用。

6．数据库管理系统

数据库管理系统（DataBase Management System，DBMS）是指位于用户与操作系统之间的，为数据的建立、使用、管理和维护而编写的数据管理软件。DBMS 通常有以下几个功能。

（1）数据定义，包括定义数据库的结构、有关约束条件等，会提供数据定义语言（Data Definition Language，DDL）对数据库中的数据对象方便地进行定义。

（2）数据操纵，对数据库中的数据进行查询、插入、删除、修改等，会提供数据操纵语言（Data manipulation Language，DML）对数据实现相关的基本操作。

（3）数据库的运行管理。在建立、运行、管理和维护数据库时，对其进行并发控制，安全性检查、约束条件检查、多用户对数据的开发使用、发生故障后的系统恢复、数据库的内部维护等。

（4）为了提高存储空间的利用率和操作效率，对数据进行组织、存储和管理。

（5）数据库的建立和维护。数据的输入和转换，数据库的转储、恢复，数据库的重组与重构、性能的监管与分析等功能。

（6）数据通信的接口，具有与其他软件进行通信的功能。

常见的数据库管理系统有 Access、FoxPro、SQL Server、Oracle 等。

7. 数据库应用系统

针对各种实际应用，计算机软件开发人员利用数据库系统资源可以开发出相应的数据库应用系统（Database Application System，DBAS），比如人事管理系统、教学管理系统、图书管理系统等。这些面向某一方面进行数据管理的应用系统可统称为管理信息系统（Management Information Syestem，MIS）。

8. 数据库管理员

数据库管理员（DataBase Administrator，DBA）是指对某个数据库系统进行全面管理和维护的人员，他们的工作主要包括规定数据库中的数据及结构；决定数据库的存储结构和存储策略；监督、控制数据库的运行和使用；保证数据库的完整性和安全性；作为主要成员，参与数据库的改造、升级和重组等事宜。

9. 数据库系统

数据库系统（DataBase System，DBS）主要由计算机软硬件系统、数据库、数据库管理系统及相关软件、数据库应用系统、数据库管理员和用户组成。数据库系统层次如图 1.4 所示。

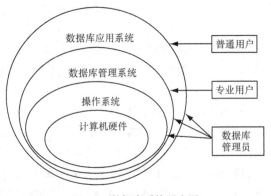

图 1.4　数据库系统层次图

1.2.2　数据库系统的优点

数据库系统具有以下优点。

（1）数据结构化。数据库系统中的数据是面向全局应用的。数据以一定的逻辑结构存放，并采用一定的数据模型来进行描述和定义。数据具有整体结构化的特征，不仅数据内部是结构化的，而且整体也是结构化的，数据之间是关联的，故数据库系统不仅可以表示事物内部各数据项的关系，而且还可以表示事物和事物之间的关系。按照目前的计算机体系结构，只有按一定结构组织和存放的数据，才能实现有效的管理。因此，在说明数据结构时，不但要描述数据本身的特征，同时要描述数据之间的关系。

（2）数据共享性好，冗余度低。数据库系统是从全局分析和描述数据，使得数据可以适应多个用户、多种应用共享数据的需求。也就是说，数据不仅面向某个应用，而且面向整个系统中的用户。数据共享可以明显地减少数据冗余，节省存储空间，即克服了当多个用户使用相同数据时，以前要多次重复存储该数据，现在只需存储一次。数据共享带来的另一大好处是能够避免数据的不相容与不一致。因为以前同一数据被存放在不同的地方，供不同的用户使用，当一个用户修改该数据时，只修改了位于面向此用户存储的数据，而存放在其他地方的该数据还是原来的值，造成不一致。

（3）系统灵活，易于扩充。由于是面向整个系统的结构化数据，数据库系统既有利于系统中多用户共享使用，又便于增加新的应用，可以从整个系统的数据集合中按照用户的需求选取数据子集。当某用户的需求改变或增减时，只需要重新选择新的子集或增减部分数据即可。

（4）具有较高的数据独立性。数据独立性涉及逻辑独立性和物理独立性。数据的逻辑独立性指用户使用的应用程序与数据库的逻辑结构相互独立，系统中数据的逻辑结构改变不应该影响用户的应用程序；而数据的物理独立性指用户使用的应用程序与存储在数据库中的数据相互独立，数据在磁盘等设备上的物理存储位置发生改变也不影响用户的应用程序。实际上数据库中的数据是由 DBMS 统一管理的，编制的应用程序只用较为简单的逻辑结构使用数据，不用考虑数据在存储设备上的物理结构与位置，实现了应用程序与数据的总体逻辑结构、物理存储结构之间的独立。特别有意义的是，应用程序的编写可以简化，应用程序的修改和维护成本很大程度上降低了。

（5）统一管理和控制数据。由于数据库要被多个应用程序所共享，多个用户可以同时使用一个数据库，其中的数据有可能被不同的用户修改、存取，专业说法是并发使用，会造成不一致，因此 DBMS 必须强化对数据的统一管理和控制，通常会提供数据的安全性保护、数据的完整性控制、并发操作控制及数据库恢复等功能。

（6）具有良好的用户接口。使得用户应用程序可以方便地使用数据库。

1.3　数据模型

数据模型是指可以反映世界上各种事物与事物之间关系的数据形式和相关的组织结构，是用于抽象地表示和处理现实世界中的数据和信息的工具。数据库通常是某个组织或行业所涉及的数据集合，它不但要反映这些数据本身的含义，而且要反映数据之间的关系。但是这些现实世界的数据不能直接放到目前这种计算机系统的数据库中去，而数据模型就起到了从现实世界表示到计算机表示的一个中间层作用，一种好的数据模型应该具有能够比较真实地模拟现实世界、容易被人理解和便于在计算机中实现的功能。有多种数据模型，而任何一种数据库管理系统都是基于某种数据模型的。

1.3.1　客观对象到模型的转换

把现实世界中存在的客观对象（事物）转换为模型表示，一般做法是先把客观对象通过概念系统逐步抽象，然后再组合为 DBMS 可以支持的数据模型。通俗地说是首先把现实世界的对象抽象为某一种不依赖于具体计算机系统的数据结构（称为概念模型），然后再把概念模型转换为计算机中某种 DBMS 所支持的数据模型，如图 1.5 所示。

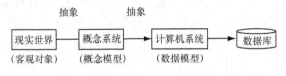

图 1.5　客观对象抽象到数据模型

概念模型可以按照用户的想法准确地模拟某组织或行业单位对数据的描述及业务要求，即对应用的数据建模，最常见的是用"实体——关系"（Entity-Relationship），简称 E-R 方法建立概念模型，再过渡为计算机系统所能支持的数据模型来组织数据，此时数据模型要包括数据的静、动态两方面的内容。

（1）数据的静态特性。应包括数据的基本逻辑结构，数据间的关系和数据完整性约束。

（2）数据的动态特性。指对数据定义的操作，包括操作的规则及实现操作的语言等。

1.3.2　概念模型及其建立

1. 概念模型

概念模型是客观世界事物向抽象世界转换的第一次抽象，也是用户和数据库设计人员之间对于用户单位数据的理解与表示进行交流和沟通的工具，它可以解决现实世界问题如何转换为概念世界问题，最终转换为计算机可以处理的数据世界问题。概念模型的特点是能够方便直观地表达应用中数据的各种语义，比如所描述数据对象的意义和相互关系等，即具有语义表达能力。

在使用概念模型时常用到以下部件或概念。

（1）实体（Entity）。凡是可以被识别而又可以互相区别的客观事物统称为实体。实体可以是实际的事物，也可以是抽象的事物，比如教学楼、教师、学生是具体物理上存在的，而信仰、爱好是抽象的。在某一环境中具有共性的一类实体通常组合为一个实体集。比如王春、李刚等人是某学校的学生，他们每一个人都是一个实体，可以把这些学生定义为"学生"实体集，那么此时每个学生都是此实体集中的成员。

（2）实体的属性（Attribute）。一般实体具有若干特征，可以表现其性质，这种特征称为实体的属性。比如教师实体具有"教师编号"、"姓名"、"专业"等属性。

（3）实体集和实体型（Entity Set and Entity Type）。属性的集合表示一种实体的类型，称为实体型，而同类型的实体的集合称为实体集。比如，教师（教师编号、姓名、性别、出生年月、教龄、职称）是一个实体型，全体教师就形成了一个实体集，（9409001、张立、男、1959.1、30、教授）就是教师实体集中的一个实体，即代表教师名单中的一个具体的教师张立。

（4）实体主键（Entity Primary Key）。实体集中的实体键指能够唯一标识实体属性或属性组的数据项。如果一个实体集中存在多个实体键，可以视情况从中选择一个作为实体主键来进行唯一性标识。比如教师实体集有属性教师、编号、姓名、性别、出生年月等，则可选取教师编号这个数据项作为实体主键，可用它来唯一地标识某个特定的教师。

（5）关系（Relationship）。概念模型中的实体集之间可以形成各种关系，这种关系是从客观的现实世界抽象过来的，以反映客观事物之间的关联，这种关系通常分为两种。

① 实体集内部的关系，主要表示实体集内部不同属性之间的关系，比如在课程表实体集中具有的属性（课程编号、课程名、学分、教室、上课时间）中，当确定课程编号时，则与其对应的课程名、学分、教室等属性的值也被唯一地确定了。

② 不同实体集之间的关系。针对通常使用的二元关系（两个实体集之间的关系）而言，具有以下 3 种不同语义的关系。

a. 一对一关系。一对一关系常标识为 1:1。如果对于实体集 X 中的每一个实体，另一个实体集 Y 中最多有一个实体与之相关系，反之 Y 对 X 也是如此，则称实体集 X 与实体集 Y 具有 1:1 关系，比如中学里的班级具有固定的教室上课，那么班级实体集与教室实体集就存在 1:1 关系，因为按照规定，一个教室只有一个班级使用，而一个班级也只能使用一个教室。根据语义，如果有多余的教室未被使用，也没有破坏班级与教室两个实体集之间的 1:1 关系，如图 1.6 所示。

b. 一对多关系。一对多关系常标识为 1:n。如果对于实体集 X 中的每一个实体，实体集 Y 中有 n 个实体（$n \geq 0$）与之相关系，而对于实体集 Y 中的每一个实体，实体集 X 中最多只有一个实体与之相关系，则称实体集 X 与实体集 Y 存在 1:n 的关系。比如某学校的班级实体集与学生实体集就是 1:n 的关系，即一个班级可以包括多名学生，而一个学生只属于一个班级，如图 1.7 所示。

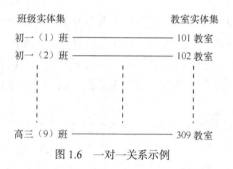

图 1.6　一对一关系示例

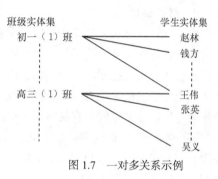

图 1.7　一对多关系示例

c. 多对多关系。多对多关系常标识为 $m:n$。如果对于实体集 X 中的每一个实体，实体集 Y 中有 n 个实体（$n \geq 0$）与之相关系，而对于实体集 Y 中的每一个实体，实体集 X 中有 m 个实体（$m \geq 0$）与之相联系，则称 X 实体集与 Y 实体集之间存在 $m:n$ 关系。比如一个学生可以选修多门课程，而一门课程也可以被多名学生选修，则学生实体集与课程实体集之间就存在 $m:n$ 关系，如图 1.8 所示。

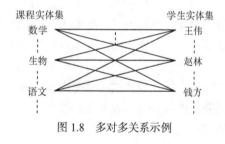

图 1.8　多对多关系示例

上述关系中一对多是最普遍常用的关系，一对一关系 1:1 可以看成是一对多关系 1:n 的特殊情况。

2. 实体关系模型

实体关系模型又叫 E-R 图或 E-R 模型，它是一种目前最常用的概念模型，是一种描述概念世界、建立概念模型的实用工具。当一个单位（比如企事业单位、学校）要建立数据库时，常用 E-R 模型对此单位的信息结构进行模拟，得到一个单位的 E-R 概念模式，这种概念模式可以用直观的 E-R 图体现。

E-R 图包括以下要素或构成部件，如图 1.9 所示。

（1）实体。用矩形表示一个实体，矩形内标有实体名。

（2）属性。用椭圆形表示某个属性，并用直线与相关实体连接，通常一个实体矩形有若干与之连接的椭圆形属性。

（3）实体之间的关系。用菱形表示，即在相关实体之间用菱形表示中介，将不同的实体关联起来。

（4）关系类型。将 1:1、1:n、及 $m:n$ 3 种类型的关系标注在菱形与矩形连接的直线上。

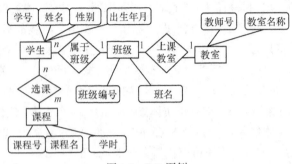

图 1.9   E-R 图例

3. 数据模型

由于现代计算机系统无法直接表示客观世界的事物，为了表示客观事物本身及事物之间的各种关系，数据库中的数据必须具有计算机系统能够识别并处理的结构。数据模型就是直接面向计算机系统（针对数据库）中数据的逻辑结构。数据库不仅要管理数据本身，而且还要利用数据模型表示出数据之间的关系，数据模型是支持 DBMS 用于表示实体及实体间关系的方法，它应该正确地表达所涉及数据间存在的整体逻辑关系。

某个特定的 DBMS 都是基于某种数据模型的。根据实体集之间的不同结构安排，常见的数据模型有层次模型、网状模型、关系模型和面向对象模型 4 种。由于关系数据模型从理论到实践更适用于现代计算机系统和人们的习惯思维，所以它成为目前最为流行的数据库所采用的数据模型。

（1）层次数据模型（Hierarchical Data Model）。这是设计数据库时最早出现的数据模型。它用树形的层次结构表示各类实体以及实体之间的关系，类似一棵倒立的树，从最上面的根结点层次开始定义，逐步往其下层称为子孙的结点进行定义，如图 1.10 所示。

层次模型将一对多的层次关系描述得非常直观，易于理解，这是其突出优点。但是它也存在较大缺点。在这种结构中查找数据时，每次需要从最上层的根结点开始，一个个地沿路径上的结点逐层查找，使用起来也不够方便。当需要应用于不同情形时，容易造成数据重复，给数据维护造成很大的不便。

（2）网状数据模型（Network Data Model）。网状数据模型用网状结构表示实体与实体之间的关系。在现实世界中事物之间的关系多数是非层次结构的，如果用前述的层次模型很难描述，而用网状模型表示起来比较方便。从理论上说，网状模型中的任意结点间都可以用连线建立关系，可以支持多对多的关系。它的明显缺点是，应用程序在访问数据库时必须选择适当的效率高的存取路径，即访问路径必须事先设定。这就要求用户编程之前了解系统内实体集之间结构的细节，加重了编写应用程序的负担，特别是需要重新建立关系或建立新连接时很麻烦，如图 1.11 所示。

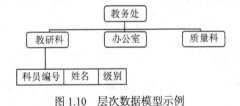

图 1.10   层次数据模型示例

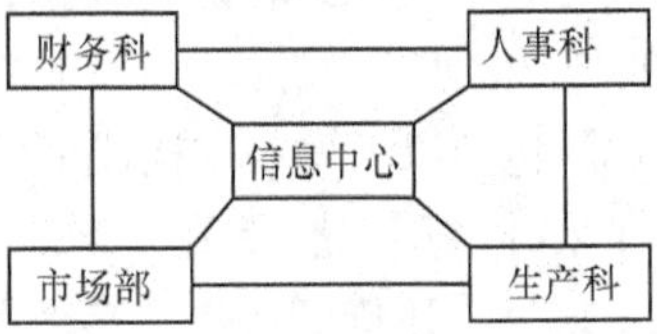

图 1.11   网状数据模型示例

（3）关系数据模型（Relational Data Model）。关系数据模型是用二维表结构表示实体集和实体集之间关系的一种当今使用最为普遍的数据模型，也是本书重点介绍的 Access 2003 数据库所采用的数据模型。

用关系数据模型建立的数据库是以关系数学理论为基础的，用 m 行 n 列的二维表格来描述数据集合及其相互关系。在关系模型中操作的对象和结果都是统一格式的二维表，这种二维表称为关系，见表 1.1。

表 1.1　　　　　　　　　　　关系数据模型示例

教师编号	姓　名	系　别	所上课程
19401001	赵刚	计算机	电子商务
19401202	王方	英语	英语
19401098	周小丽	国际贸易	国际结算
19401103	李万文	国际贸易	物流管理
19401120	吴建	国际贸易	计量经济学

在关系模型的二维表中，每一行数据称为一个记录，通常表示一条具体的数据信息。比如上述表中第一条记录表示了教师编号为 19401001 的赵刚老师是计算机系的，给相关学生上电子商务课程；表中的每一列数据称为一个字段，可以表示一类属性，比如上述表中教师编号列，表示本列数据是所有教师的编号。

关系数据模型具有一系列优点。

① 它建立在严密的数学基础之上。

② 无论是实体还是实体集之间的联系都用关系来表示，概念单一，易于理解，数据结构简单，方便用户使用。

③ 所有数据运算（各种操作）的结果也用关系表示。

④ 它的存取路径对用户透明，数据独立性强，安全性好，可以简化数据库开发和应用程序员的工作。

（4）面向对象模型（Object-Orinted Model）。面向对象的数据模型作为一种可扩充的数据模型，于 20 世纪 80 年代被提出并开始进行研究。在面向对象模型中，现实世界的实体被看成一种对象，类同的对象归为一类（class）。面向对象模型具有语义表达能力强、可支持复杂的数据模型、可封装性、继承性、可支持长事务处理等优点。面向对象的方法和技术在计算机各个领域包括软件工程、信息系统设计、程序设计语言等方面均有很大影响，并有广泛的研究。

1.4　关系数据库

本节主要讲述人们利用集合论中的数学理论、方法与计算机系统中的数据库应用相结合，开发出了基于关系数据模型的关系数据库系统，介绍了关系数据库的基本概念、结构、方法及操作等。

1.4.1　数据结构

1. 逻辑结构

关系数据模型中的结构是基于关系的，而这种关系所表示的逻辑结构具有二维表的结构形式。这与我们日常生活中使用的一种二维表是一样的，由表名、行和列组成。这种简单的表格可以直观地描述数据及其关系，这里表格称为关系，或者说关系数据库中的关系是用表格来表示的见表1.2。

表1.2　　　　　　　　　　　　　　　　　"学生"表

学　号	姓　名	性　别	出生年月	籍　贯	专　业
2012012001	刘伟	男	1993-3	江苏	中文
2012012002	王大刚	男	1992-2	河北	中文
2012023012	周金玉	女	1993-5	江苏	计算机
2012032011	马雯红	女	1993-7	北京	金融

为了表示和处理，表格规定了以下一些术语。

（1）关系（Relation）。一个关系对应一张表。它要有一个关系名，抽象表示为：关系名（属性名1，属性名2…，属性名n）。比如上述"学生"表具体描述为：学生（学号，姓名，性别，出生年月，籍贯，专业）。规定了一个表中每一列应该填入的数据内容，又称为关系数据模式。

（2）元组（Tuple）。在一个填入内容的具体的二维表中，水平方向的每一行称为一个元组，元组对应表中的一条具体的数据记录。比如表1.2中有学生刘伟等4条表示各人情况的具体数据。

（3）属性（Attribute）。在一个填入内容的二维表中，垂直方向的每一列称为一个属性，并且具有各自的属性名。在具体的表中属性名又叫字段名，每个字段的数据类型宽度等在一开始创建这张表时要做出规定。比如表1.2中的表具有"学生"、"姓名"、"性别"、"出生年月"、"籍贯"、"专业"6个字段名。

（4）域（Domain）。属性的取值范围称为域，是指不同的元组（表中不同的行）对同一个属性（表中某一个列）的取值所限定的范围，比如表1.2中的"学号"列取值范围是10位长的数字，"性别"列的取值范围是"男"、"女"两个汉字之一。

（5）主键（Primary Key）。主键（又称为关键字）的值能够唯一地标识一个元组的属性或属性的组合，即指字段或字段的组合。比如表1.2"学生"表中的"学号"字段可以唯一确定一个元组（一条记录），所以可以作为"学生"表的主键，而"姓名"字段可能会有同名同姓的人重复出现在不同的元组（记录）中，所以"姓名"字段不能单独作为"学生"的主键。一个表只能规定一个主键，而主键通常是一个字段，但也可以由多个字段组合构成。

（6）外键（Foreign Key）。外键又称为外关键字，它是指表中的某一个字段不是本表的主键，而是另外一个表的主键，则这个字段（属性）就称为外键，外键在表中相同的值可能会出现在本表中不同的元组里。

2.　存储结构

这里存储结构是指关系数据库最终是以何种方式放在现行体系结构的计算机中的。按逻辑结构设计好的二维表是以文件形式存储在计算机系统的物理组织中的。

前文所述关系、模型、模式、元组、属性等术语，是属于数学理论体系的描述，而关系数据库从设计到最终应用还要涉及用户和程序设计人员，他们要把抽象的理论表示理解、转换到自己的实际使用上去。把各个角色直接面对的术语进行对照的结果见表1.3。

表 1.3　　　　　　　　　　　　　　　　基本术语的对照

关系模型	程序员	用　　户
关系模式	文件结构	二维表结构
关系（二维表）	文件	表
元组	记录	行
属性	数据项（字段）	列

3. 关系的特点

在实际使用关系数据模型方法去实现关系数据库时要有所限制，当用表来对应表示关系时要符合一些规定。

（1）关系的规范化。关系中的每一个属性都应该是原子数据（atomic data）项，是不能再分的数据项。比如整数、字符串、汉语、文字等，不包括组合数据，比如集合、数组、记录等，在我们日常生活中出现的复合表，见表 1.4，不属于在此定义的二维表，不能直接作为一个关系对应的表来存储，即表中某列下属不能再有子列。

表 1.4　　　　　　　　　　　　　　　　复合表示例

车间编号	车间名	生产量		
		第一班	第二班	第三班

（2）每个属性都要有其取值范围，即有值域。

（3）同一个关系中不能出现相同的属性名，也就是说同一张表中不能有相同的字段名。

（4）关系中不能有相同的元组，即同一张表中不同行的内容不能相同。

（5）关系中元组的次序可以任意交换，即同一张表中的行可以放在不同的位置上。

（6）从理论上讲关系中属性的顺序无关紧要，可以任意交换。但在实际应用时，由于关系数据库要求在建立表（关系）时对其属性要顺序逐个定义，所以实际使用时最好不要随意交换一个表的字段次序。

1.4.2　实际应用中的关系模型

在实际构造关系数据库时，具体的关系模型往往有多个关系模式组成。比如在 Access 2003 关系数据库中，一个数据库会包含相互之间存在关系的多个表。这些表的关系模式一般不同，即它们有各自的二维表结构。这样存储在计算机系统中的数据库文件就对应一个实际的关系模型。在实际构造表时，要考虑到不同表中的实体之间如何建立关系的问题，一般采用公共字段名作为中介，并且利用主键、外键的概念。而这种中介关系应当从语义出发来考虑如何建立。

【例 1.1】　在学生管理数据库中，建立学生及选课成绩关系模型，并利用公共字段名建立关系，以得到学生成绩表。

解：在学校学生管理数据库中已建有学生表和学生选课成绩表，见表 1.2 和表 1.5。

表 1.2 和表 1.5 的关系数据模型（表的结构）分别为：

学生（学号，姓名，性别，出生年月，籍贯，专业）；

学生选课成绩（学号，课程表，成绩）。

可以建立如表 1.6 和表 1.7 所示的学生及选课成绩关系模型。

表 1.5　　　　　　　　　　　　　学生选课成绩表

学　号	课程表	成　绩
2012012001	文学	86
2012012001	计算机基础	75
2012012001	英语	82
2012012002	文学	90
2012012002	计算机基础	80
2012012002	英语	85

表 1.6　　　　　　　　　　　　　学生表

学　号	姓　名	性　别	出生年月	籍　贯	专　业
2012012001	刘伟	男	1993-3	江苏	中文
2012012002	王大刚	男	1992-2	河北	中文
2012023012	周金玉	女	1993-5	江苏	计算机
2012032011	马雯红	女	1993-7	北京	金融

表 1.7　　　　　　　　　　　　　学生选课成绩表

学　号	课程表	成　绩
2012012001	文学	86
2012012001	计算机基础	75
2012012001	英语	82
2012012002	文学	90
2012012002	计算机基础	80
2012012002	英语	85
⋮	⋮	⋮

　　学生表中的主键"学号"与学生选课成绩表中的外键"学号"建立起一个关系，据此可以通过这种关系模型得到一个反映学生成绩的新表及学生成绩表，见表 1.8。

表 1.8　　　　　　　　　　　　　学生成绩表

学　号	姓　名	课程名	成　绩
2012012001	刘伟	文学	86
2012012001	刘伟	计算机基础	75
2012012001	刘伟	英语	82
2012012002	王大刚	文学	90
2012012002	王大刚	计算机基础	80
2012012002	王大刚	英语	85
⋮	⋮	⋮	⋮

　　关系模型中的各个关系模式不应该各自独立。也就是说，存放在关系数据库中的各个表应该

可以根据实际应用情况在互相之间建立关系，即通过相关主键、外键进行联系，并结合关系运算产生需要的新表。

1.4.3　关系数据模型的完整性

关系模式在语法上可以表示为：关系名（属性名 1，属性名 2……属性名 n）。但在实际应用中，将其赋予具体语义时会有所限制。比如在教师表中的元组里，年龄不能为负值（即对属性的限制），又如课程表中元组里的教师姓名必须为教师登记表中在职的教师（即数据的语义会制约属性之间的关系）。

要对关系进行某些条件约束，以保证关系中数据的正确性。在关系数据模型中应该确定完整性规则。一般有以下 3 类规则。

1. 实体完整性

本规则用于保证关系（表）中每个元组内容都是唯一的，规定了关系中不能有重复的元组。为了保证这一点，在关系模型中引入主键的概念。关系中作为主键的属性不能取重复值（关系中的所有主键值均不相同）和空值（没有值）。比如教师表中的"教师编号"属性可作为主键，用于标识每一位不同的教师，故在相关表的元组中该字段不能放相同的值，也不能为空值。

2. 参照完整性

参照完整性又称为引用完整性。因为在关系模型中，实体与实体之间的关系都是用关系来描述的，这样会出现关系间的引用。应该保证在两个相关联的数据表（关系）中对于相同意义的数据项要对应一致。在表中的数据进行插入、修改、删除等操作时，数据库系统要参照引用所有其他表中该数据当时的情况，以保证数据操作的正确性与合法性。比如在学校图书管理信息系统中，借书表与教师表是相关联的，利用参照完整性的检查可以避免在借书表中加入本校不存在的教师的借书记录，以保证借书的合法性。同时，当某教师在借书表中存有未归还图书记录时，教师表中该教师的记录也不能删除。

3. 用户定义完整性

上述两种完整性适用于所有的关系数据库系统。而用户定义完整性是由特定的应用环境对数据的要求所决定的，主要反映了某一具体应用所涉及的数据必须满足的语义要求，其体现在属性的有效性约束（取值范围等）和元组的有效性约束两个方面。比如某个属性的取值范围为 1～200。

1.4.4　关系运算

由于关系数据模型是建立在数学基础上的，所以在关系数据库中存取、修改数据时，可以利用关系代数对关系进行运算（或称为对关系的操作）来达到目的。

关系运算在关系数据库中分为两类。一类是传统的集合运算，包括并、交、差、笛卡尔积；另一类是关系专门的运算，包括选择、投影和连接。关系运算的结果仍然是关系，可以参与其他的关系运算，也可以利用关系代数表达式来构造对关系的复杂运算。

1. 传统的集合运算

在关系数据库中，关系可以看成是元组的集合，因此集合的运算在此适用。

（1）并运算（Union）。设关系 R 和关系 S 具有相同的模式结构（即两个关系均具有一一对应的 n 个属性，且对应的属性取值范围相同），则并运算表示为 R∪S，运算结果产生一个新的关系，

其元组 P 由原属于 R 的元组和属于 S 的元组共同组成，数学定义为

$$R \cup S = \{p \mid p \in R \text{ 或者 } p \in S\}$$

 如果 R 和 S 中有共同存在的元组，在 R∪S 中只需出现一次，即并运算的结果要消除重复元组，R 和 S 中共同拥有的元组在 R∪S 中只能出现一次。

【例 1.2】 现有表 1.9～表 1.11 所示的，某日上午和下午去游泳的 2 个学生关系，现要产生当日去游泳学生的名单。

解：可以用并运算将 2 个关系合并为 1 个关系，即将关系数据库中的 2 个表合并为 1 个表，见表 1.11。

表 1.9 上午游泳学生

学 号	姓 名	运动项目
2012010001	王刚	游泳
2012020021	李小华	游泳
2012020023	马伟	游泳
2012030011	朱运	游泳

表 1.10 下午游泳学生

学 号	姓 名	运动项目
2012010016	王波	游泳
2012010018	张明林	游泳
2012020021	李小华	游泳
2012030011	朱运	游泳
2012030102	郑慧	游泳

表 1.11 某日去游泳的学生

学 号	姓 名	运动项目
2012010001	王刚	游泳
2012010016	王波	游泳
2012020018	张明林	游泳
2012020021	李小华	游泳
2012030023	马伟	游泳
2012030011	朱运	游泳
2012030102	郑慧	游泳

表 1.9 中有 4 个元组，表 1.10 中有 5 个元组，将 2 个表中的所有元组放入 1 个表里，应该有 9 个，但本次运算的 2 个表中均有学生李小华、朱运元组，所以这 2 个重复元组在运算结果表 1.11 中各自只能出现一次，这样表 1.11 中元组个数为 7 个。

（2）差运算（Difference）。设关系 R 和关系 S 具有相同的模式结构，其差运算表示为 R–S，运算结果产生一个新的关系。其元组 P 由属于 R，但不属于 S 的元组组成，仍为与 R 属性一一对

应的关系，数学定义为

$$R-S=\{p|p \in R\ 并且\ p \notin S\}$$

本运算通俗地说就是将表 R 中与表 S 中相同的元组从 R 中去掉，R 中剩下的元组就是差运算的结果。

【例 1.3】　现有如表 1.9 与表 1.10 所示的，某日上午和下午去游泳的 2 个学生关系，现要产生仅是当日上午去游泳学生的名单。

解：可以用差运算，设两个关系分别为 R 和 S，则 R−S 见表 1.12。

表 1.12　　　　　　　　　　　　　　差运算示例

学　　号	姓　　名	运动项目
2012010001	王刚	游泳
2012020023	马伟	游泳

此处 R−S 的结果为将 R 和 S 中都有的记录李小华、朱运从 R 中去掉，而保留 S 中没有的王刚、马伟记录。

（3）交运算（Intersection）。设关系 R 和 S 具有相同的模式结构，其运算表示为 R∩S，运算结果产生一个新的关系，其元组 p 由既属于 R 又属于 S 的元组组成，数学定义为

$$R \cap S=\{p|p \in R\ 并且\ p \in S\}$$

本运算通俗地说就是把 R 和 S 中共同存在的元组拿出来，组成一个新关系。

【例 1.4】　现有表 1.9 和表 1.10 所示的，某日上午和下午去游泳的 2 个学生关系，现要产生上午和下午都去游泳学生的名单。

解：可用交运算，设 2 个关系分别为 R 和 S，则 R∩S 见表 1.13。

表 1.13　　　　　　　　　　　　　　交运算示例

学　　号	姓　　名	运动项目
2012020021	李小华	游泳
2012030011	朱运	游泳

此处 R∩S 的结果为将 R 和 S 中都有的记录李小华、朱运拿出来构成一个新的关系（表）。

（4）笛卡尔积（Cartesian Product）。设关系 R 和关系 S 分别具有 r 和 s 这 2 个属性，定义 R 和 S 的笛卡尔积 R×S 是一个具有（r＋s）个属性的元组集合，每个元组的前 r 个属性来自 R 的一个元组，后 s 个属性来自 S 的一个元组，数学定义为

$$R \times S=\{p|p=（pr，ps）并且\ pr \in R\ 并且\ ps \in S\}$$

其中 pr 和 ps 分别表示具有 r 个属性和 s 个属性，若 R 有 n 个元组，S 有 m 个元组，则 R×S 有 $n \times m$ 个元组。通俗的说就是顺次从 R 中第 1 个元组开始分别与 S 中的 1～m 个元组的属性进行拼接（R 中元组的属性在前，S 中元组的属性在后），得到 m 个 R 和 S 属性相拼接的元组，再从 R 的第 2 个元组开始一直重复至 R 中第 n 个元组分别与 S 中的 1～m 个元组的属性进行拼接，将所有属性拼接的 $n \times m$ 个元组构成一个新的关系（表），就是笛卡尔积的运算结果。

【例 1.5】　表 1.14 和表 1.15 所示分别为工厂上班工人的工人关系和班次关系。现要求每个工人均要参加 3 班轮流倒班，即要形成工人当班关系。

解：该问题可以用 2 个关系的笛卡尔积运算求取结果。设工人关系为 R，班次关系为 S，则 R×S 见表 1.16。

表 1.14　　　　　　　　　　　　　工人关系

工　号	姓　名
20001	王林
20002	张韦

表 1.15　　　　　　　　　　　　　班次关系

上班班次	补　贴	工间休息
早班	0	20
中班	20	25
晚班	40	30

表 1.16　　　　　　　　　　　　　工人当班关系

工　号	姓　名	上班班次	补　贴	工间休息
20001	王林	早班	0	20
20001	王林	中班	20	25
20001	王林	晚班	40	30
20002	张韦	早班	0	20
20002	张韦	中班	20	25
20002	张韦	晚班	40	30

该运算的结果实际上就是将工人关系中的王林元组分别与班次关系中的 3 个元组进行拼接（将 2 个关系的所有属性拼起来得到新的元组）。同样将工人关系中的下一个张韦元组再分别与班次关系中的 3 个元组进行拼接。

2. 专门的关系运算

在关系数据库中可以用逻辑表达式给出的条件，结合专门的关系运算，实现对多个相关联表中数据的高效存取。本书将要介绍的 Access 2003 关系型数据库主要提供了选择、投影、联接 3 种关系运算（操作）。

（1）选择（Selection）。选择运算是根据给出的条件 F，在一个表中选取所有满足条件的元组，构成一个新的关系。条件 F（逻辑表达式）中的运算对象是常量或属性名，运算符号可以是算术比较运算：$<$、$\leqslant$、$>$、$\geqslant$、$=$、$\neq$；也可以是逻辑运算符：$\wedge$（与）、$\vee$（或）、$\neg$（非）。关系 R 对于逻辑表达式 F 的选择操作定义为

$$\triangle F（R）=\{p|p\in R\wedge F(p)=\text{"真"}\}$$

选择运算是选择表中的若干行，而列不变，即所选行的属性字段不变。

【例 1.6】已知表 1.16 所示工人当班关系，列出所有可以上早班的工人情况。

解：确定选择条件为上班班次为"早班"，可以用的关系运算为

$\triangle$上班班次="早班"（工人当班关系）

结果见表 1.17。

表 1.17　　　　　　　　　　　　　　　选择运算示例

工　号	姓　名	上班班次	补　贴	工间休息
20001	王林	早班	0	20
20002	张韦	早班	0	20

（2）投影（Projection）。投影运算是对关系（表）进行垂直分解，即在关系的属性中选取属性列，在原表中选出某些列构成新表。其关系模式所包含的属性列数往往比原表少，属性的排列顺序也可以不同，其数学表示为

$$\prod\nolimits_A (R) = \{\, t[A] \mid t \in R \,\}$$

其中 A 表示从原关系 R 中选取的部分属性列。

【例 1.7】　在表 1.18 所示公司雇员表中列出员工编号、姓名、部门 3 项。

表 1.18　　　　　　　　　　　　　　　公司雇员关系

员工编号	姓　名	性　别	年　龄	部　门
98001	赵林	男	40	人事
98002	钱文	男	35	人事
98012	孙香	女	30	财务
98045	李冬	男	28	市场

解：可以利用关系的投影运算：

$$\prod\nolimits_{员工编号，姓名，部门} (公司雇员)$$

结果见表 1.19。

表 1.19　　　　　　　　　　　　　　　投影运算示例

员工编号	姓　名	部　门
98001	赵林	人事
98002	钱文	人事
98012	孙香	财务
98045	李冬	市场

（3）联接（Jion）。

① 一般联接。联接运算是从关系 R 和 S 的笛卡尔积中选取 2 个表的属性值之间满足某一 θ 运算的元组，记为 R∞S，其中 i 表示关系 R 中的第 i 个属性，j 表示关系 S 中的第 j 个属性，θ 是算术比较符。一般联接的数学形式为

$$R\infty S = \{\, (t_r, t_s) \mid t_r \in R \wedge t_s \in S \wedge t_r[A] \;\theta\; t_s[B] \,\}$$

其中，A 和 B 分别为 R 和 S 上可比较的属性组（相对应的），从笛卡尔积 R×S 中选取 R 关系在 A 属性组上的值与 S 关系在 B 属性组上的值满足比较关系 θ 的元组。

【例 1.8】　表 1.20 和表 1.21 所示的两个关系（表），按条件 θ：C＜E 进行一般联接运算。

解：建立一般联接运算式：R∞S，可以得到运算结果见表 1.22。

运算要将表 1.20 的每一行中的 C 列字段分别与表 1.21 中的 E 列字段的数字进行比较。如果是 C＜E，则将当时比较两表的行前后拼接为结果表中的一行（元组），比如表 1.20 的第 1 行中 C=1，与表 1.21 的第 1 行中 E=4 比较时，有 1＜4，则将表 1.20 的第 1 行（a1,2,1,d1）与 b 的

第 1 行（4,f1）按前后顺序拼接为（a1,2,1,d1,4,f1），得到如表 1.22 所示的经过一般联接运算后结果表的第 1 行，类似地得到其他行。

表 1.20   R

A	B	C	D
a1	2	1	d1
a1	7	3	d2
a2	8	5	d3
a3	10	9	d4

表 1.21   S

E	F
4	f1
5	f4
7	f5

表 1.22   一般联接运算示例

A	B	C	D	E	F
a1	2	1	d1	4	f1
a1	2	1	d1	5	f4
a1	2	1	d1	7	f5
a1	7	3	d2	5	f4
a1	7	3	d2	7	f5
a2	8	5	d3	7	f5

② 等值联接。如果一般联接中的条件 θ 是 "=" 相等运算符，则称为等值联接。

【例 1.9】 对表 1.23 和表 1.24 所示的两个关系（表）按条件 θ：R·A=S·A 进行等值联接运算。

表 1.23   R

A	B
a1	3
a2	5
a3	8

表 1.24   S

A	C	D
a1	2	d1
a3	7	d2
a3	6	d3
a4	9	d4

解：建立等值联接运算式 R∞S，可以得到运算结果见表 1.25，类似前例，此处将表 1.23 中 R·A（关系 R 的 A 列属性）与表 1.24 中 S·A（关系 S 的 A 列属性）值相同的元组分别前后联接为更长的元组，得到新的结果关系（见表 1.25）。

表 1.25　　　　　　　　　　　　　　　等值联接运算示例

R·A	B	S·A	C	D
a1	3	a1	2	d1
a3	8	a3	7	d2
a3	8	a3	6	d3

③ 自然联接。这是一种特殊的等值联接，它要求两个关系（表）中进行比较的属性必须是相同的属性列，并且在结果（表）中将重名的两列属性列去掉一列（仅保留一列）。若关系 R 和 S 具有相同的属性列 B，则自然联接的数学表示为

$$R \infty S = \{ (tr, ts[B]) \mid tr \in R \land ts \in S \land tr[B] = ts[B] \}$$

其中，ts[B]是从关系（表）S 中去掉 B 属性列的元组。一般的联接操作是将两个表的行进行运算，而自然联接还需要去掉一些重复的列，是一种同时涉及行和列的运算。

【例 1.10】 表 1.26 和表 1.27 分别是教师奖励等级登记表和奖励等级与奖教金数额对照表。现要制作教师奖教金发放表。

解：可以用自然联接运算。设 R1 为教师奖励等级登记表，R2 为奖励等级与奖教金数额对照表，R3 为教师奖教金发放表。

$$R1 \infty R2 = R3$$

R3 见表 1.28。

表 1.26　　　　　　　　　　　　　　　教师奖励等级登记表

教师姓名	奖励等级
朱夏宇	1
马静静	2
周金玉	3
夏茅	1
朱运	2
葛义波	4

表 1.27　　　　　　　　　　　　　　奖励等级与奖教金数额对照表

奖励等级	奖教金数额
1	9000
2	5000
3	2000
4	800

表 1.28　　　　　　　　　　　　　　　教师奖教金发放表

教师姓名	奖励等级	奖教金数额
朱夏宇	1	9000
马静静	2	5000
周金玉	3	2000
夏茅	1	9000
朱运	2	5000
葛义波	4	800

1.5 设计数据库

要设计一个实用的数据库，应该遵循一定的规则和方法。其开发过程通常按照一定的步骤进行，设计阶段可以决定数据库的结构是否合理。在计算机中创建一个数据库之前，应该对数据库进行规划、设计，以保障建立的数据库能够高效、准确，就像造房子先要设计图纸，然后再实施建造。

1.5.1 数据库设计的任务和方法

1. 数据库设计的任务

设计的基本任务是根据要使用具体数据库的那个单位或部门的信息需求、处理需求和数据库的支持环境（包括计算机系统的硬件、操作系统、DBMS等），设计出数据模式（包括用户模式、逻辑模式和存储模式）以及相关的应用程序。

2. 数据库的设计方法

信息需求表示相关用户所需要的数据及其结构，而处理需求表示相关用户经常需要进行的数据处理功能。前者是静态的，后者是动态的。根据侧重点不同，数据库设计有两种不同的方法。

（1）面向过程的设计方法，又称过程驱动方法，它以处理需求为主，信息需求为辅。其优点是数据库的结构可以较好地满足应用功能的需要，性能较高；缺点是随着应用的发展和变化，数据库结构常会产生较大变动，甚至要重新构造。

（2）面向数据的设计方法，又称数据驱动方法，它以信息需求为主，处理需求为辅。其优点是数据库的结构可以较好地反映数据的内在联系，既可以满足当前的应用需求，又可以满足今后发展的应用需求。

通常面向过程的设计方法，主要用于功能要求较为明确且处理稳定的数据库应用系统。而对于功能要求不断发展变化的数据库应用系统，最好用面向数据的设计方法。

1.5.2 数据库的设计原则

规定较好的设计原则，是为了更为合理地组织数据库中的数据。数据库的设计一般有以下基本原则。

1. "一事一表"的原则

一个表描述一个单一的实体或两个实体间的一种关系。先要分离出一些需要作为单个主题（实体）而独立保存的信息，然后确定哪些主题之间有关系。当需要时可以将相关的数据组合在一起而形成用户需要的表。把一个较大主题的数据分散到不同的表中，可以使数据的组织和维护工作变得简单，同时可以提高相关应用程序的性能。比如基本的教师表中包含教师编号、姓名、性别等字段信息，而教师所教课程名称被放入课程表。

2. 不同的表中尽量不要出现重复字段

避免重复字段的目的是尽量降低数据冗余，减少表被修改时造成的数据不一致。但是如果两个表之间建立关系要用到外键时，要出现主表的主键与辅表的外键使用同样字段的情况。

3. 表中字段必须是最基本的数据项

表中字段表示的数据应该是不可再分解的最基本的数据元素，不应该包括那些通过计算得到的"二次数据"，也不能是多项数据的组合。比如不能简单地将应扣工资作为一个字段，而应该把缺勤、水电等每个单项数据都各自列为一个字段。

4．用外键保证有关联的表之间建立关系

数据库中很多实体之间是相关联的（互相之间具有特定关系）。关系数据库中的表对应的是实体，必须用一种方法来建立相关表之间的关系。解决方法是将 A 表中的主键与 B 表中的外键用相同的字段进行关联，此时可以用 A、B 表建立关系后得到的 C 表来表达新的实体需求。

1.5.3　数据库的设计步骤

本节主要针对 Access 2003 关系型数据库的设计步骤，将软件工程开发的过程体现在具体的 5个步骤中，主要围绕设计出合适的表来进行。

1．针对数据的要求分析

要明确所建数据库的目的，确定哪些数据要保存在数据库中。

2．确定需要哪些表

将需求分析确定的数据划分为各个独立的实体，或者说把数据分为不同的相关主题，为每个主题创建一个表，得到主题数据库。

3．为表确定字段

建立各个表的结构，即要确定每个表中的具体字段，确定主键、各字段中数据类型和数据长度。

4．确定各表之间的关系

研究所有表之间的关系，确定所有相关联表之间的数据应该如何进行联系，确定主键、外键的关系，有时需要在表中加入一个字段或创建一个新表来建立关系。

5．对设计进一步完善

从整体出发对上述 1~4 项进一步分析、检查，对不恰当之处进行改进。在表中加入一些实例数据，看是否可以得出正确的结果，排除错误与不当的设计。

在一开始的设计方案中，出现一些数据的多余、遗漏或者错误是正常的，可以先建立带有少量基本数据的原型数据表，然后进行测试。此时发现的问题在 Access 2003 中很容易进行修正。但如果在数据库中加入大量数据、报表之后再要修正，就很困难了。故在完成交付数据库系统之前，必须测试和分析，尽量完善。

本章小结

本章介绍了数据库的基本知识，特别是针对关系型数据库的理论、实际应用进行介绍，主要涉及以下内容。

1．数据处理或管理技术经历了人工管理、文件管理和数据库管理 3 个阶段。

2．数据库一般涉及数据信息、数据结构、数据处理、数据库、数据库管理系统、数据库应用系统、数据库管理员、数据库系统等基本概念。

3．数据库系统具有的特点：

（1）数据的结构化；

（2）数据的共享性好，冗余度低；

（3）系统灵活，易于扩充；

（4）具有较高的数据独立性；

（5）统一管理和控制数据。

4．数据模型是一种用来抽象地表示和处理现实世界中数据和信息的工具，解决了现实世界中人们习惯表达的事物不能直接放入现代计算机系统体系结构中去的问题，起到了沟通与中间层的作用。

5．概念模型是客观世界事物向抽象世界转换的第一次抽象，是用户和数据库设计人员沟通的工具。与概念模型相关的部件有实体、实体的属性、实体集、实体型、实体主键和关系。

6．关系一般分为实体集内部的关系和不同实体之间的关系。

7．针对二元关系（两个实体间的关系），具有一对一、一对多、多对多3种不同语义的关系。通常将1个多对多关系分解为2个一对多关系。

8．实体关系模型也叫 E-R 图或 E-R 模型，是一种目前最常用的概念模型，它包含以下要素：

（1）实体；

（2）属性；

（3）实体之间的关系；

（4）关系类型。

9．针对数据库的设计，数据模型分为层次模型、网状模型和关系模型。

10．目前主要以关系型数据库为主流，关系均以"表"的形式放在数据库中。以下是一些与"表"相关的概念：

（1）关系；

（2）元组；

（3）属性；

（4）域；

（5）主键；

（6）外键。

11．关系数据模型的完整性主要涉及实体完整性、参照完整性和用户定义完整性。

12．关系的运算分为两类。一类是传统集合的并、交、差运算；另一类是关系专门的选择、投影和联接运算。利用关系运算，可以针对关系数据库中的表方便地从横向或纵向进行合并、分解，构造出新表。

13．构造数据库之前，必须先进行数据库设计，确定数据库的用途，根据设计原则，确定数据库中的基本表，然后规定各表中的字段，再根据需求，在某些表间建立关系。

习　题

一、概念与问答题

1．什么是数据、数据库、数据管理系统、数据库应用系统和数据库系统？

2．什么是实体？实体之间的关系有哪几种？

3．什么是实体、属性和实体集？

4．常用的数据库管理系统软件有哪些？

5．数据库管理系统和数据库应用系统之间的区别是什么？

6. 解释关系、元组、属性、域、主键和外键。

7. 数据库管理系统所支持的传统数据模型是哪 3 种，各自都有哪些优缺点？

8. 设计数据库有哪些基本步骤？

9. 数据管理技术的发展大致经历了哪几个阶段，各阶段的特点是什么？

10. 数据库系统有哪些特点？

11. 针对关系数据库的关系运算有哪些？

12. 什么是 E-R 图？

13. 通常是如何将现实世界的事物放入计算机系统的？

14. 什么是数据独立性？

15. 什么是概念模型？

二、是非判断题

1. 关系数据模型是当今使用最为广泛的数据模型。（　　　）

2. 某个特定的 DBMS 都是基于某种数据模型的。（　　　）

3. 被设定为主键字段的数据项，必须是不可重复的数据。（　　　）

4. 一对多关系是一对一关系的特殊情况。（　　　）

5. 二维表中的字段不必在创建表时进行定义。（　　　）

6. 表是用来存放相关数据的文件，每一个数据库只能有一个表。（　　　）

7. Access 2003 软件所采用的数据模型是应用最普遍的层次型数据模型。（　　　）

8. 网状数据模型是最早出现的数据库模型之一。（　　　）

9. 查询是数据库最重要的功能之一，且可以建立不同的查询条件。（　　　）

10. E-R 模型又称为实体关系模型。（　　　）

11. 关系型数据模型的表是由记录中的行和数据列所组成。（　　　）

12. 在关系数据库中，运算的对象和结果均以字段的形式表示。（　　　）

13. 在每一个表中必须设定所需的数据属性，此属性称为字段。（　　　）

14. 外键是主键在不同时段的同义词。（　　　）

15. 关系数据库中所有的关系模式都是一样的。（　　　）

三、选择题

1. 在 Access 2003 数据库中，表就是_____。

　　（A）索引　　　　　　　　　　（B）数据库

　　（C）关系　　　　　　　　　　（D）记录

2. 数据库系统的核心是_____。

　　（A）数据库　　　　　　　　　（B）数据库管理系统

　　（C）数据模型　　　　　　　　（D）软件工具

3. 以下关于关系模型特点的描述中，错误的是_____。

　　（A）可以将各种二维表按照一张表一个关系直接存放到数据库系统中

　　（B）每个属性必须是不可分割的数据单元，表中不能再包含表

　　（C）在一个关系中元组和列的次序都无关紧要

　　（D）在同一个关系中不能出现相同的属性名

4. 数据库管理系统是一种_____。

　　（A）设备　　　　　　　　（B）负责大量数据的机构

（C）软件　　　　　　　　　　　（D）存有大量数据的计算机

5. 下列哪个属于传统的集合运算？_____
   （A）选择、投影、修改　　　　　（B）增加、删除、合并
   （C）加、减、乘、除　　　　　　（D）并、差、交

6. 将两个关系拼接成另一个关系，生成的新关系中包括满足条件的元组，这种操作称为
   _____。
   （A）联接　　　　　　　　　　　（B）并
   （C）选择　　　　　　　　　　　（D）投影

7. 用二维表来表示实体之间关系的数据模型是_____。
   （A）关系模型　　　　　　　　　（B）实体—关系模型
   （C）层次模型　　　　　　　　　（D）网状模型

8. 数据库、数据库系统、数据库管理系统这三者之间的关系是_____。
   （A）数据库管理系统包含数据库和数据库系统
   （B）数据库包含数据库系统和数据库管理系统
   （C）它们是同义词
   （D）数据库系统包含数据库和数据库管理系统

9. 关系数据库中能够唯一地标识一个元组的属性或属性的组合称为_____。
   （A）字段　　　　　　　　　　　（B）记录
   （C）主键　　　　　　　　　　　（D）域

10. Access 2003 的数据库类型是_____。
   （A）关系数据库　　　　　　　　（B）面向对象数据库
   （C）层次数据库　　　　　　　　（D）网状数据库

11. 有 3 种常见的数据模型，它们是_____。
   （A）层次、关系和网状　　　　　（B）网状、关系和语义
   （C）字段名、字段类型和记录　　（D）环状、层次和关系

12. 如果要改变一个关系中属性的排列顺序，应使用的关系运算是_____。
   （A）投影　　　　　　　　　　　（B）连接
   （C）重建　　　　　　　　　　　（D）选择

13. 以下说法中正确的是_____。
   （A）两个实体之间只能是一对多关系
   （B）两个实体之间只能是多对多关系
   （C）两个实体之间可以是一对一、一对多或多对多关系
   （D）两个实体之间只能是一对一关系

14. 将学生信息和教师信息分别保存在不同的表中的原因是_____。
   （A）便于确定主键
   （B）当删除某一学生信息时，不会影响教师信息，反之亦然
   （C）避免字段太多，表太大
   （D）以上都不是

15. 关系数据库中的关系必须满足其中的每一个属性都是_____。
   （A）互相关联的　　　　　　　　（B）互不相关的

（C）不可分解的 （D）长度可变的

16. Access 2003 中表和数据库的关系是_____。

（A）一个表只能包含两个数据库 （B）一个表可以包含多个数据库

（C）数据库就是数据表 （D）一个数据库可以包含多个表

17. 关系数据库常用的的基本操作是_____。

（A）选择、投影和联接 （B）增加、删除和修改

（C）索引、查询和统计 （D）创建、打开和关闭

18. 在数据库设计的步骤中，当建立了数据库中的表后，接下来应该_____。

（A）确定表中的字段 （B）确定表之间的关系

（C）分析建立数据库的目的 （D）确定表的主键

19. 关系数据库组织数据时，应遵从的设计原则是_____。

（A）表中的字段必须是原始数据和基本数据元素

（B）用外键保证有关联的表之间的关系

（C）"一事一地"原则，即一个表描述一个实体或实体间的一种关系

（D）以上各条原则都正确

20. 关系数据库管理系统具有的 3 种基本关系操作是_____。

（A）编辑、浏览与替换 （B）选择、投影与联接

（C）排序、索引与查询 （D）插入、删除与修改

21. 数据模型反映的是_____。

（A）记录中包含的数据

（B）记录本身的数据及其相互关系

（C）事物本身的数据和相关数据之间的关系

（D）事物本身所包含的数据

22. 关系型数据库管理系统中的关系指的是_____。

（A）数据库中某些字段之间彼此有关系

（B）数据模型符合满足一定条件的二维表格式

（C）一个数据库文件与其他文件之间有联系

（D）若干记录中的数据彼此有一定的关系

23. 可对数据库中的数据进行输入、增删、修改、统计、输出等操作的软件系统称为_____。

（A）数据库软件系统 （B）数据控制程序集

（C）数据库管理系统 （D）数据库系统

24. "学生"与"课程"两个实体集之间的关系一般是_____。

（A）一对多 （B）一对一

（C）多对多 （D）多对一

25. 关系数据库管理系统的 3 种基本关系运算不包括_____。

（A）联接 （B）投影 （C）比较 （D）选择

四、填空题

1. 工资关系中有工资号、姓名、职务工资、津贴、奖金、公积金、所得税等字段，其中可以作为主键的字段是_____。

2. 自然连接指的是_____。

3. 数据模型不仅可以反映事物本身的数据，而且_____。

4. 数据管理技术的发展经历了_____、_____、_____阶段。

5. 除了 Access 2003 数据库软件之外，目前常用的数据库管理系统软件还有_____、_____、_____等。

6. 一个关系的逻辑结构就是一个_____。

7. 在关系中有一个属性或属性组合，其值可以唯一地标识一个元组，称为_____。

8. 数据库是_____的集合，一个数据库可能有一个或多个表；表是由许多相同格式的数据_____所组成；在数据记录中的每一个属性称为_____。

9. 根据所使用的_____不同，数据库管理系统可分为层次型、网状型和_____。

10. 关系数据库中的数据表示为二维表的形式，每一个二维表称为_____。

11. 表之间具有一对一、_____、_____关系。

12. 关系数据库中二维数据表的每一列称为一个字段，或称为关系的一个_____；二维数据表中的每一行称为一个记录，或称为关系的一个_____。

13. 实体与实体之间的关系有 3 种，它们是_____、_____、_____。

14. 在教师表中，如果要找出职称为"讲师"的教师，应该采用的关系运算是_____。

15. 关系通过选择、投影或联接运算之后，运算的结果仍然是一个_____。

16. 数据库系统的主要特点有_____、_____、_____和_____，以及统一的数据控制功能。

17. 实体完整性用于确保关系中的每个元组都是_____的，即关系中不允许有_____的元组。

18. 使用关系运算中的_____运算可以改变关系中属性的排列顺序。

19. 关系运算的对象是_____，运算结果仍然是一个_____。

20. 每个人都有自己的出生地，实体"出生地"和实体"人"之间的关系是_____。

21. 在表中选出满足条件的元组的操作称为_____；从表中抽取属性值满足条件的列的操作称为_____；把两个关系中相同属性的元组联接在一起形成新的二维表的操作称为_____。

22. 数据库可分为_____、_____、_____3 种数据模型。

23. _____是用二维表的形式来表示实体之间关系的数据模型。

24. 利用两个关系中某共有的字段，将该字段值相等的记录内容连接起来，去掉其中的重复字段作为新关系的一条记录，此种联接被称为_____。

25. 数据库管理系统是_____和_____之间的软件接口。

第2章
Access 2003 数据库简介

Access 2003 是 Microsoft 公司推出的数据库管理系统产品，是现今最普及的关系数据库软件之一。作为一种系列产品，它包含在 Microsoft Office 2003 办公软件中，其功能比较强大，通用性和实用性好，可进行面向对象的可视化设计，适合于网络化，可以与同系列软件 Excel、Word 交换数据，易学、易用，是入门级学习者在计算机上学习、应用关系数据库的最佳选择。

2.1　Access 2003 简述

如果要使用 Access 2003 软件，该软件必须先行安装在相应计算机上，每次使用前要启动，使用完毕要退出软件。

2.1.1　Access 2003 的安装

Access 2003 可以运行于 Windows 9x/NT/2000/XP 等操作系统环境中，在目前流行的标准配置计算机上可以流畅运行。

进入操作系统控制后，将 Microsoft Office 2003 安装光盘放入光驱，系统会提示相关的安装画面。然后按照提示信息逐步安装，与安装 Word 2003 的方法一样。实际上安装了 Microsoft Office 2003 办公系列软件即同时安装了 Word 2003、PowerPoint 2003、Access 2003 等软件。一旦完成安装，Access 2003 就被放入 Windows 程序组。

2.1.2　Access 2003 的启动与退出

直接用鼠标单击程序图标来启动 Access 2003，与启动 Word 2003 等类似；也可以通过"开始"菜单、桌面快捷方式、在"执行"方式下输入命令等操作来完成。刚进入 Access 2003 系统时的主界面如图 2.1 所示。

Access 2003 系统界面主要由标题栏、菜单栏、工具栏、工作区、状态栏等组成。退出 Access 2003 可以有多种方法，常用的是直接单击 Microsoft Access 标题栏右边的"关闭"按钮✕或者选择"文件|退出"菜单命令。

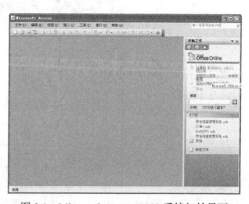

图 2.1　Microsoft Access 2003 系统初始界面

2.2　创建数据库

Access 2003 可以通过模板、空白、现有文件来创建数据库。

2.2.1　利用模板创建数据库

Access 2003 的许多操作可以用其提供的向导（操作）来达到目的，特别是对于刚入门者，一方面可以熟练使用，另一方面可以逐步体会其整体构造。

【例 2.1】 利用数据库向导，调用 Access 2003 系统原有的"库存管理"模板，创建一个名为"库存控制"的数据库，并将所建数据库保存在 D 盘的 Access 文件夹里。

解：

（1）在图 2.1 所示的系统界面下，选择工具栏上的"新建"按钮，或者选择右下方的"新建文件"选项，或者选择"文件|新建"菜单命令，均会出现图 2.2 所示的"新建文件"任务窗格。单击其中"本机上的模板"选项，会弹出如图 2.3 所示的对话框。

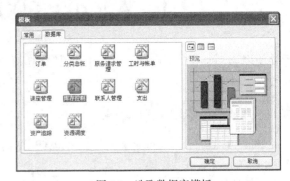

图 2.2　"新建文件"任务窗格　　　　　　　　　图 2.3　选取数据库模板

（2）在图 2.3 所示"模板"对话框中，单击左上方的"数据库"选项卡，再单击"库存控制"数据库模板的图标，然后单击"确定"按钮（或者直接双击"库存控制"图标），会弹出如图 2.4 所示的对话框。

图 2.4　命名新数据库

（3）在"文件新建数据库"对话框的"保存位置"下拉列表中选择 D 盘的 Access 文件夹，在"文件名"文本框中输入新数据库名称"库存控制.mdb"，再单击"创建"按钮，系统会弹出如图 2.5 所示对话框。

（4）单击"下一步"按钮，显示如图 2.6 所示对话框。

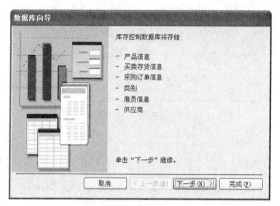

图 2.5　模板中将建立的各种表

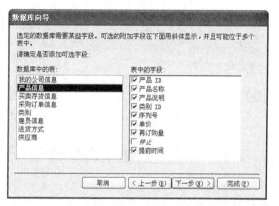

图 2.6　模板中使用的表及相应字段

（5）此时可以选择不同的表，比如在图 2.6 中先单击"产品信息"表，然后指定图中右方要使用的字段。图中的"停止"字段没有打钩，表示不使用，但也可以单击打钩使用该字段，继续单击"下一步"按钮，显示如图 2.7 所示对话框。

（6）在此可以确定屏幕的显示样式，比如可选择"国际"选项，再单击"下一步"按钮，会显示如图 2.8 所示对话框。

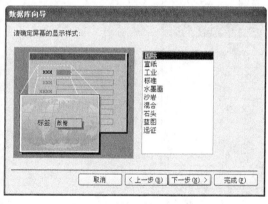

图 2.7　确定窗体格式

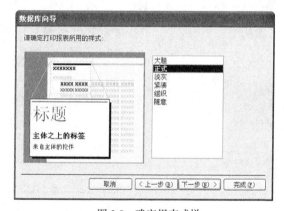

图 2.8　确定报表式样

（7）在图 2.8 中可以确定打印报表时所用的式样，比如可以选择"正式"，再单击"下一步"按钮，会显示如图 2.9 所示对话框。

（8）在图 2.9 中可以确定数据库的标题，比如可以输入"库存控制"作为标题，再单击"下一步"按钮，会显示如图 2.10 所示对话框。

（9）在图 2.10 中可以选择是否启动刚创建的数据库，比如选择"是的，启动该数据库"复选框，再单击"完成"按钮。到此为止，根据模板创建的"库存控制"数据库已成功建立。

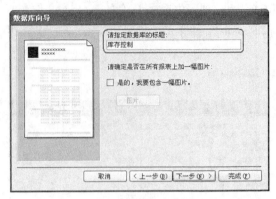
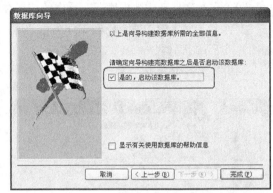

图 2.9　确定一个数据库的标题　　　　　　图 2.10　完成前确定是否启动该数据库

2.2.2　直接创建空数据库

除了利用 Access 2003 系统本身携带的各种模板创建数据库外，还可以创建一个空数据库，然后根据用户的需要建立各种表放入该数据库，即可以建立各种不同内容的数据库。

【例 2.2】　创建一个以"学生课程管理系统"命名的空数据库，并将其保存在 D 盘的 Access 文件夹中。

解：

（1）启动 Access 2003 进入图 2.1 所示系统界面，选择"新建文件"菜单项（可以有多种方式新建文件），在图 2.2 所示的任务窗格中单击"空数据库"选项，会显示如图 2.4 所示对话框。

（2）在"保存位置"下拉列表中选择 D 盘的 Access 文件夹，在"文件名"文本框中输入数据库的名称"学生课程管理系统"，再单击"创建"按钮，会出现如图 2.11 所示对话框。

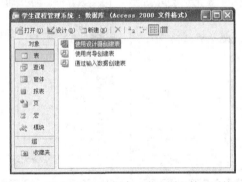

图 2.11　完成创建空数据库"学生课程管理系统"

图中表示一个新建的数据库窗口，此时为还没有表的空数据库。接着可以在此窗口中创建相关的表，建好表的名称会显示在此窗口中，并且由此可以建立、打开和设计各个对象（窗口左边显示的 7 种对象）。

2.3　打开数据库

创建好的 Access 2003 数据库是一个存放在 Windows 操作系统文件目录中的扩展名为".mdb"

的文件，可以在"我的电脑"窗口中找到。直接在目录中双击文件可以打开数据库，也可以用其他方式打开数据库。图 2.12 所示为一个含有表的"学生课程管理系统"数据库的操作界面，在此可以进行各种操作。

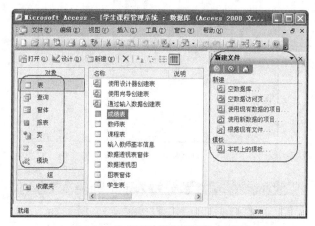

图 2.12　含有表的数据库操作主界面

注意图 2.12 中右边的任务窗格栏，其中提供了建立、寻找、打开、关闭等直观的命令操作。任务窗格可以被选择其显示或不显示出来。常用以下方法来打开或关闭任务窗格。

（1）选择"视图|任务窗格"菜单命令可以显示或关闭任务窗格，如图 2.13 所示。

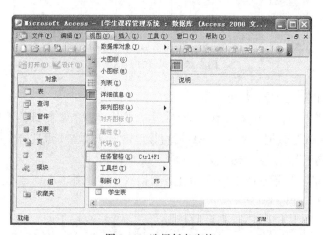

图 2.13　选择任务窗格

（2）系统默认启动 Access 2003 时会自动显示任务窗格。

（3）如果 Access 2003 启动后的操作界面没有在右边显示任务窗格，可以通过选择"工具|选项"菜单命令和"视图"选项卡，在"启动任务窗格"复选框打钩，并单击"确定"按钮，如图 2.14 所示。重新启动 Access 2003 后就会显示出任务窗格。

（4）单击"任务窗格"右上方的"关闭"按钮，可以关闭任务窗格。

进入 Access 2003 系统后，有以下两种常见的数据库打开方式。

（1）用文件菜单打开。使用"文件|打开"菜单命令或者单击工具栏上的"打开"按钮，出现"打开"对话框，在其中寻找要打开的文件。比如说要找已经存在的"学生课程管理系统"数据库文件进行打开，如图 2.15 所示。

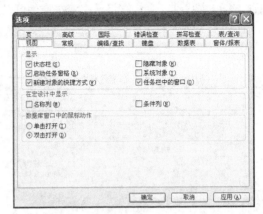

图 2.14　在“选项”对话框中选择“启动任务窗格”复选项

图 2.15　“打开”对话框

（2）用“任务窗格”打开，步骤如下。

① 检查“任务窗格”里“开始工作”的“打开”栏中有没有要打开的数据库文件。比如要打开“学生课程管理系统”数据库文件，找到后直接单击该文件名（近期曾使用过的数据库文件，都会显示在任务窗格里），如图 2.16 所示。

② 如果要打开的文件不在图 2.16 所示任务窗格里，可以用“其他”选项，在显示的“打开”对话框中找寻该文件，如图 2.15 所示。

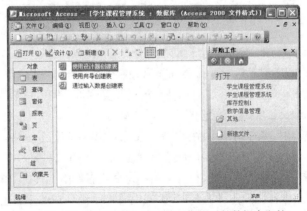

图 2.16　在“任务窗格”中查找近期用过的数据库文件

如果有多个用户通过网络共同使用同一个数据库文件，为避免出错，要给用户规定使用方式，即有 4 种打开数据库文件的方式。可以在"打开"对话框右下角的"打开"下拉列表中选择相应的打开方式，如图 2.17 所示。

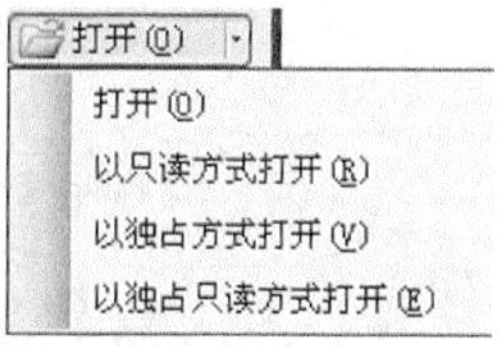

以下是数据库的 4 种不同打开方式。

* 以共享方式打开。如果采用这种默认的打开方式，网络上的其他用户可以再打开此文件，也允许同时编辑这个文件。

* 以只读方式打开。此种方式只能查看数据库的内容，不能对其进行修改。

* 以独占方式打开。此方式只允许打开者自己访问、修改数据库，有效地防止网络上其他用户的访问和修改。

* 以独占只读方式打开。此方式只允许打开者自己访问数据库，并且可以防止自己无意的修改，同时防止网上其他用户对此数据库的使用。

图 2.17　选择不同的打开方式

Access 2003 允许在其主窗口中打开一些其他文件格式的数据文件。比如 Word、dBase、Excel、Exchange 等，还可以打开 Microsoft SQL、Microsoft FoxPro 等 ODBC 数据源。

Access 2003 在同一时间内，只允许打开一个数据库，无法同时对多个数据库进行打开操作。

2.4　关闭数据库

可以用下列方式关闭正在使用的数据库。

（1）利用主窗口的"文件|关闭"菜单命令。

（2）单击数据库窗口中的"关闭"按钮 ✕ 。

2.5　版本的文件格式

当第一次使用 Access 2003，在默认情形下创建的数据库采用的是 Access 2000 的文件格式。如果每次新建的数据库都需要采用 Access 2002-2003 文件格式，可以先任意建立或打开一个数据库，再从其菜单栏依次选择"工具|选项|高级"选项，如图 2.18 所示，从"默认文件格式"中选择"Access 2002-2003"选项，那么以后新建的数据库都会自动采用 Access 2002-2003 文件格式。

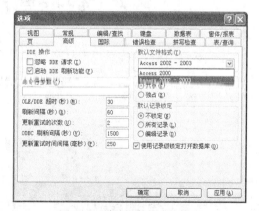

图 2.18　默认文件格式的修改

2.6 设置默认文件夹

在 Access 2003 中创建的文件，如果不指定保存路径，则系统默认的文件保存位置是"我的文档"。为了便于管理，通常用户要将同一数据库中的文件保存在磁盘上自己专门设定的目录路径指定的文件夹中，比如本书中的数据库文件保存在 D 盘的 Access 文件夹中。

可以对系统默认的"我的文档"位置进行重新规定，换成用户规定的默认位置，通过选择"工具|选项"菜单命令对默认数据库文件夹进行设置，步骤如下。

（1）单击"工具|选项"菜单命令，打开"选项"对话框，选择"常规"选项卡，如图 2.19 所示。

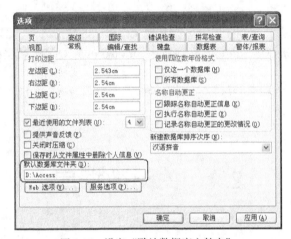

图 2.19　设定"默认数据库文件夹"

（2）在图 2.19 的"默认数据库文件夹"文本框中输入想要设定的路径，（比如"D:\Access"）然后单击"确定"按钮。此后每次启动 Access 2003 时，该文件夹成为系统默认的数据库保存文件夹。不过在需要时，用户还可以更改默认的数据库文件夹。

2.7 数据库窗口中的视图模式

Access 2003 数据库窗口中对象（有 7 种对象）的显示方式称为视图模式。一共有 4 种视图模式，分别是"详细信息"模式、"列表"模式、"小图标"模式和"大图标"模式。可以通过单击工具栏中的命令来转换不同的视图模式。

2.8 数据库的组对象

Access 2003 数据库主界面窗口中显示有 7 种对象名称，但是在主显示区同一时间只能显示一种对象的内容。如果要在主显示区同时显示多种不同的对象，可以将多个不同的对象加入到组中，形成"组"对象。可以用以下两种方法形成"组"对象。

1. 把数据库对象添加到系统默认的组中（收藏夹）

这种方式是在组中创建指向某对象的快捷方式，而不影响对象的实际存放位置。

以下操作是将"学生课程管理系统"数据库中的"学生表"窗体和"学生表"表两个对象添加到收藏夹中。

（1）打开"学生课程管理系统"数据库。

（2）在"对象"列表中选择"窗体"选项，再选择右边显示区中的"学生表"。

（3）单击鼠标右键，在出现的选项框中选择"添加到组|收藏夹"命令，如图 2.20 所示。

图 2.20　将某对象添加到收藏夹方法 1

（4）在"对象"列表中选择"表"表，再选择右边显示区中的"学生表 1"表。

（5）选择菜单栏中的"编辑|添加到组|收藏夹"菜单命令，如图 2.21 所示。

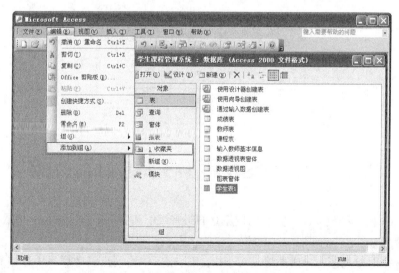

图 2.21　将某对象添加到收藏夹方法 2

Access 2003 可以利用鼠标右键打开快捷菜单或者利用菜单命令，实现将某对象添加到一个组中去。使用这两种方法的组名称都是 Access 2003 默认的"收藏夹"，注意区分这不是 IE 浏览器中的"收藏夹"，而是组名。经过上述操作后，默认组名"收藏夹"中的两个对象如图 2.22 所示。

2. 建立新的组

在数据库主界面左边的"组"栏里可以有多个组，各个组里是操作人员已经放入的数据库中不同类型对象（比如上述的表和窗体）的快捷方式。

可以用以下 2 个步骤创建新组。

（1）选择"对象"栏里的某个对象或"组"栏中的某个组，然后单击鼠标右键，打开快捷菜单，选择"新组"命令，如图 2.23 所示。

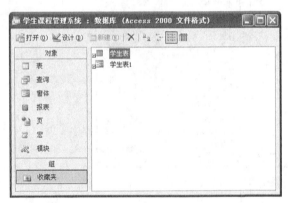

图 2.22　默认组"收藏夹"中已添加的对象　　　　图 2.23　创建新组快捷菜单

（2）在弹出的"新建组"对话框中输入要新建的组名，然后单击"确定"按钮，如图 2.24 所示。

图 2.24　"新建组"对话框

2.9　Access 2003 数据库对象

Access 2003 由 7 种数据库对象和用户建立的组来组织和管理数据库中的具体数据。在数据库的主界面左侧的对象栏下标识了表、查询、窗体、报表、数据访问页、宏和模块 7 个可选对象。如果单击某一个对象的图标（比如报表），则右侧主窗口中将列出该数据库中存储的所有该对象（比如报表）的名称，除了数据访问页单独存放在数据库文件之外（只是包含了 Web 页的链接），其余对象都是直接存放在对应数据库文件中的，这样管理的效率较高。

2.9.1　表

表（Table）是 Access 2003 关系数据库中用来存放数据的一种对象，是所建数据库的数据源，其他对象可以通过表来产生。用户可以使用表向导、表设计器（见图 2.25）等系统提供的工具以及 SQL 语句创建表，然后再将该表需要的不同字段类型的数据输入表中。

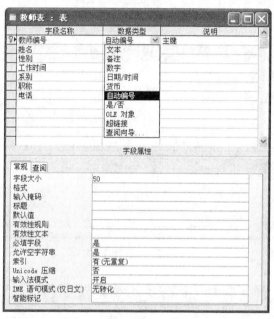

图 2.25　表设计器 教师表设计窗口

进入数据表内容窗口（见图 2.26）后，可以对各元组中各字段的数据内容进行修改、维护等操作。

教师编号	姓名	性别	工作时间	系别	职称	电话
JS22001	蒋正宏	男	1982-3	计算机科学与技术系	教授	(025)83594351
JS22003	李枫	男	1980-7	计算机科学与技术系	教授	(025)83594346
JS22004	朱弘皜	男	1987.5	计算机科学与技术系	副教授	(025)83594408
JS22007	张震岳	男	1984.9	通信工程系	副教授	(025)83594372
JS22010	李蕾	女	1990.7	计算机科学与技术系	副教授	(025)83594352
JS22014	唐文杰	男	1984.3	广告与传播学系	教授	(025)83594357
JS22015	王明赋	男	1981.8	电子商务系	教授	(025)83594320
JS22017	沈天	男	2000.4	计算机科学与技术系	讲师	(025)83594412
JS22019	陶芳容	女	2008.9	电子工程系	助教	(025)83594372
JS22020	李京	男	1991.2	计算机科学与技术系	副教授	(025)83594410
JS22022	陈建军	男	1983.6	计算机科学与技术系	副教授	(025)83594367
JS22025	张珊珊	女	2003.7	计算机科学与技术系	讲师	(025)83594354
JS22026	袁怀林	男	1983.1	电子工程系	副教授	(025)83594417
JS22028	沈正宏	男	1982.6	电子工程系	教授	(025)83594384
JS22030	黄萱	女	1989.4	广告与传播学系	副教授	(025)83594359
JS22033	魏鹏	男	2001.5	广告与传播学系	讲师	(025)83594366
JS22034	何林凯	男	2010.11	电子商务系	助教	(025)83594361
JS22038	林曦兮	女	1988.8	通信工程系	副教授	(025)83594425
JS22044	肖跃进	男	1985.10	通信工程系	副教授	(025)83594331
JS22046	夏远征	男	1984.7	电子商务系	副教授	(025)83594365

记录：|◀ ◀　　　　1　▶ ▶|▶* 共有记录数: 20

图 2.26　教师数据表内容窗口

2.9.2 查询

查询（Query）是以上述"表"作为数据源，按照一定条件构成的一种表，它可以是通过一个或若干个表形成的结果，也可以作为该数据库中其他数据库对象的数据来源。

查询在 Access 2003 中具有非常重要的地位。利用系统提供的多种查询，可以快速地查看数据库中的数据内容，还可以实现对数据的统计分析和计算等操作，还可以使窗体和报表直接取得来自多个表的数据源。图 2.27 所示为针对教师表的查询设计器，图 2.28 所示为针对教师表形成的查询浏览器。

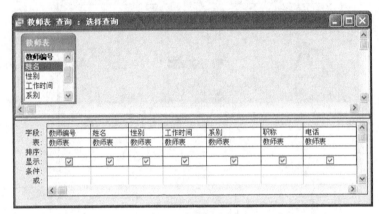

图 2.27 查询设计器

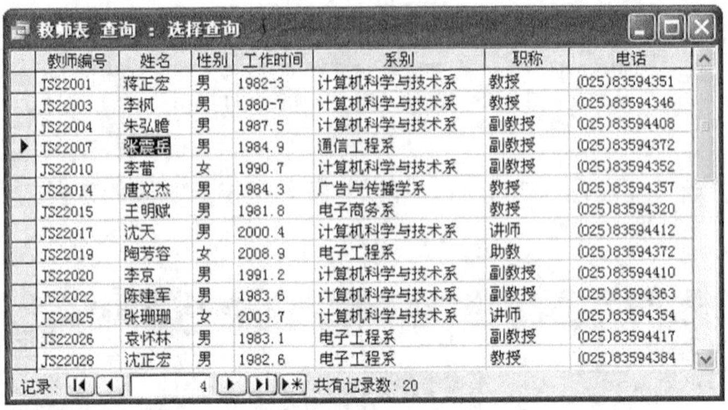

图 2.28 查询浏览器

2.9.3 窗体

窗体（Form）是 Access 2003 系统提供给用户的用于与数据库程序友好交互的一种工作窗口。用户可以根据其需要和习惯爱好设计、建立不同形式的窗体，还可以用于控制数据库应用系统流程，加入数字、文字、图像、多媒体，还具有对表或查询的数据进行输入输出、修改、删除操作的功能。

窗体只是提供访问、修改数据的一种界面，它本身并不存储数据，数据还保存在数据源表中。它的目的是为用户提供各种操作界面，以方便用户。

图 2.29 所示为学生表窗体的创建示例。图 2.30 所示为创建好的学生表窗体示例。

图 2.29　学生表窗体的创建示例

图 2.30　创建好的学生表窗体示例

2.9.4　报表

报表（Report）是 Access 2003 展示丰富多彩打印格式的一种数据输出形式。报表不能用于输入数据，主要用于打印和显示数据，同时可以对数据库中的数据进行统计和分析。图 2.31 所示为报表设计示例。

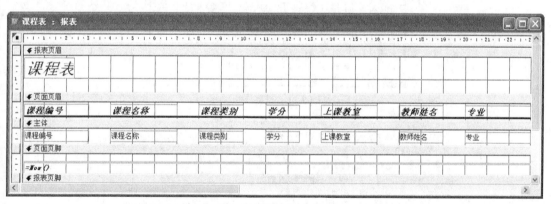

图 2.31　报表设计示例

设计好的报表可以在打印预览报表窗口中显示，如图 2.32 所示为报表打印预览示例。

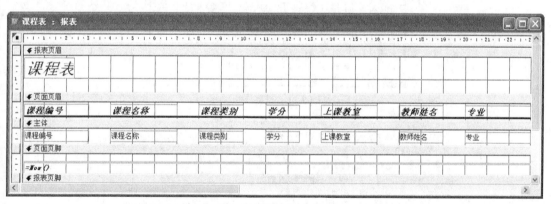

图 2.32　报表打印预览示例

2.9.5 宏

宏（Macro）是一个或多个操作命令的组合。其目的是将经常使用的一组连续的操作放在一起，只要启动这个宏就可以将安排在其中的若干操作连续自动地进行（即不必每次一个一个地手动执行单个操作），大大提高了效率。宏对象可以是单个的，也可以是连续做多个宏或是一组宏的集合，常用于在窗体或报表中自动地执行连续的操作。

2.9.6 数据访问页

数据访问页用于实现 Internet 与用户数据库的相互访问。Access 2003 的用户可利用数据访问页将待交换的数据信息编成网页的形式，再发送到 Internet 上，实现数据共享。图 2.33 所示为网页示例，图 2.34 所示为创建数据访问页。

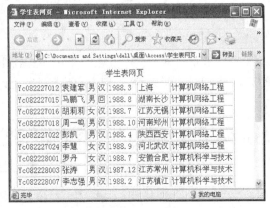

图 2.33　网页示例

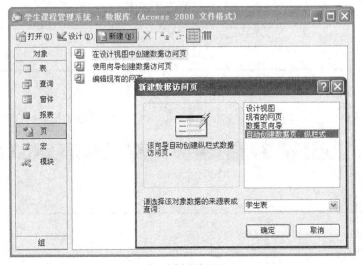

图 2.34　创建数据访问页

2.9.7 模块

模块（Module）是运用 Visual Basic（VB）程序设计语言编写的程序。它通过 Access 2003 系统中已有的 VB 程序设计语言编辑器和编译器实现与 Access 2003 的合作。用户可以在 Access 2003 中编辑 VB 程序代码，如图 2.35 所示。

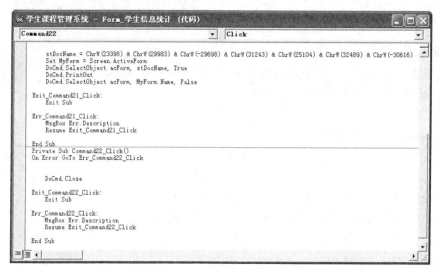

图 2.35　VB 程序代码示例

在 Access 2003 中加入 VB 程序（即两者的紧密合作）是为了实现开发更广、更复杂的应用，或完成一些用户特别要求的任务。但是如果要较好地使用模块这个数据库的对象，必须学习 VB 程序设计语言。鉴于本书的内容及读者定位，不再详细介绍模块编程。

本章小结

本章简要介绍了 Access 2003 关系数据库管理系统的功能和系统的安装方法，以及如何使用 Access 中的各项操作，主要涉及以下内容。

1. Access 2003 的安装、启动与退出。
2. 可以利用已有的模块或先创建空数据库。
3. 利用任务窗格可以直观地进行多种操作。
4. 有利用文件菜单和任务窗格 2 种常见的打开数据库的方法。
5. 有共享方式、只读方式、独占方式和独占只读方式 4 种打开数据库的方式。
6. Access 2003 允许在其窗口打开一些其他文件格式的数据文件，如 Word 文件。
7. 在 Access 2003 中建立数据库时，开始默认的是 Access 2000 文件格式，可以选择转换为 Access 2002-2003 文件格式。
8. Access 2003 的数据库窗口可以选用"列表"、"详细信息"、"大图标"和"小图标"4 种视图模式。
9. 如果要在主显示区同时显示多种不同的对象，需要使用"组"命令，将要显示的多个对象收入组中，可以是系统默认的组（名为收藏夹），也可以自行建立新组。
10. Access 2003 有表、查询、窗体、报表、数据访问页、宏和模块 7 种对象。

习　　题

一、是非判断题

1. 利用 Access 2003 第一次建库时建立的文件格式为 Access 2000 格式。（　　）
2. Access 2003 是一种层次型的数据库管理系统。（　　）
3. 可以利用 Access 2003 数据库模块来创建数据库。（　　）
4. Access 数据库文件的扩展名为 ".rdb"。（　　）
5. 可以直接点击 Windows 目录中已有的 Access 2003 数据库文件名来进入 Access 2003 系统。（　　）
6. Access 2003 中的报表对象可以用于输入或输出数据。（　　）
7. 不同版本的 Access 2003 数据库文件之间不可以转换。（　　）
8. Access 2003 中有 8 种对象。（　　）
9. Access 2003 中有 5 中视图模式。（　　）
10. 只有一种打开数据库的方式。（　　）
11. 如果要同时显示不同类型的对象，需要使用 "组" 命令。（　　）
12. VB 程序设计语言属于 Access 2003 中的对象。（　　）

二、选择题

1. 以下_____属于 Access 2003 的对象。
（A）".mdb" 文件　　　　　　（B）工作簿
（C）窗体　　　　　　　　　　（D）向导

2. Access 2003 中数据库文件默认的扩展名是_____。
（A）.mdb　　　　　　　　　　（B）.Adp
（C）.dbf　　　　　　　　　　（D）.Frm

3. 在使用 "模板" 创建数据库时，在 "数据库向导" 第 2 个对话框的 "表中的字段" 列表框中，有用斜体字表示的字段，它们表示_____。
（A）当前表可选择的字段
（B）字段在当前表中的值用斜体显示
（C）当前表必须包含的字段
（D）以上都不是

4. Access 2003 在同一时间，可打开_____个数据库。
（A）2　　　　　　　　　　　　（B）3
（C）n　　　　　　　　　　　　（D）1

5. 以下不属于 Access 2003 数据库对象的是_____。
（A）模板　　　　　　　　　　（B）表
（C）模块　　　　　　　　　　（D）报表

6. 在 Access 2003 中，建立数据库文件可以选择 "文件" 下拉菜单的_____菜单命令。
（A）保存　　　　　　　　　　（B）新建
（C）另存为　　　　　　　　　（D）打开

7. Access 2003 中的_____对象允许用户使用 Web 浏览器访问 Internet 或企业网中的
　　数据。
　　（A）查询　　　　　　　　　　　（B）窗体
　　（C）模块　　　　　　　　　　　（D）数据访问页

8. 数据表在 Access 2003 数据库中是_____。
　　（A）浏览器　　　　　　　　　　（B）强化工具
　　（C）辅助工具　　　　　　　　　（D）数据来源

9. Access 2003 数据库中存储和管理数据的基本对象是_____，它是具有结构的某个相
　　同主题的数据集合。
　　（A）表　　　　　　　　　　　　（B）报表
　　（C）窗体　　　　　　　　　　　（D）工作簿

10. 下列_____不是"任务窗格"的功能。
　　（A）以模板建立数据库　　　　　（B）删除数据库
　　（C）打开旧文件　　　　　　　　（D）建立空数据库

11. Access 2003 建立的数据库文件，默认为_____版本。
　　（A）Access 2003　　　　　　　　（B）Access 97
　　（C）Access 2000　　　　　　　　（D）以上都不是

12. Access 2003 模块对象中支持的程序设计语言是_____。
　　（A）C#　　　　　　　　　　　　（B）Java
　　（C）VB　　　　　　　　　　　　（D）C

三、填空题

1. Access 2003 是_____系统，它属于_____数据模型。

2. Access 2003 中包含_____、_____、_____、_____、_____、
　　_____、_____7 种对象。

3. Access 2003 的 6 个对象都存放在一个扩展名为_____的数据库文件中，而
　　_____对象不在其中。

4. Access 2003 中_____对象是最基本的数据源，是_____最初接收数据
　　存放的地方。

5. 有_____种以上的方法启动 Access 2003。

6. 必须在 Windows 目录下建立_____，用于存放数据库文件。

7. 模块对象支持的高级程序设计语言为_____。

8. 报表对象不用于_____。

9. _____对象使得数据输入、输出更方便，用户界面友好。

10. _____对象可以实现在 Internet 上交换数据库的数据。

第3章
建立数据表

关系数据库里的数据信息可以看成是基于关系模型设计出来的一些相互关联的简单二维数据表的集合，二维数据表在这里简称表。数据库可以比喻为零配件仓库，表可以比喻为仓库里的货架，具体的数据可以比喻为货架上放的各种具体零配件。

表是整个关系数据库的基础，是数据库中其他对象操作的数据源。建设 Access 2003 数据库的过程就像先建好一个零配件仓库，然后将设计好的货架搬进去，最后将零配件搬到各自对应的货架中去。针对数据表介绍的主要内容如下。

（1）创建空数据库（或按模板建一原始数据库）。

（2）创建表放入数据库。

（3）建立相互之间有关系的表的关联。

（4）在各个表中放入数据。

（5）表中数据的各种处理方法。

（6）以表为数据源设计、创建数据库中的其他对象（Access 2003 中包括表在内共有 7 种对象）。

3.1　表的组成与创建

Access 2003 的主要数据均存放在表中，因此表设计的质量至关重要，也影响着其他对象的设计效果。一般衡量表的质量会涉及数据冗余度、共享性和完整性。由于数据库中存放的数据是有限的，Access 2003 对于在其中建立的表有一些规定见表 3.1。

表 3.1　　　　　　　　　　　　　　　　Access 2003 对表的规定

属　　　性	最　大　值
表名的字符个数	64
字段名的字符个数	64
表中字段的个数	255
打开表的个数	2 048（减去 Access 系统打开表数）
表的大小	2GB（减去系统对象所需的空间）
文本字段的字符个数	255
备注字段的字符个数	用户界面输入为 65 535 字符，编程输入为 2GB 字符

续表

属　　性	最　大　值
OLE 对象字段的大小	1GB
表中的索引个数	32
索引中的字段个数	10
有效性消息的字符个数	255
有效性规则的字符个数	2 048
表或字段说明的字符个数	255
当字段的 UnicodeCompression 属性设为"是"时记录中的字符个数	4 000
字段属性设置的字符个数	255

3.1.1　表的组成

Access 2003 的表是一种简单的二维表。纵向的列表示事物的各种属性，其中的数据又称为字段。横向的行以数据记录形式列出表中某一完整的事物数据，横向数据称为元组。表 3.2 所示为一个反映教师信息的数据表。

表 3.2　　　　　　　　　　　　　　　　教师表

教师编号	姓　名	性　别	工作时间	系　别	电　话
90100001	李为林	男	1970-1	计算机	83502717
90100002	王刚	男	1981-7	计算机	83503506
.	.	.	.	.	.
90110001	朱大为	男	1980-7	电子	83502861
90500322	夏丽丽	女	1989-9	艺术	83506666

表和其中的属性（字段）都有自己的名称。比如对上述表 3.2，可以在创建表时命名为"教师"、"教师信息"、"JS"、"Teacher"等名称；类似地第一列可以命名为"教师编号"、"编号"、"BH"等，所起名称要符合字段代表的含义。对于每一个字段，在创建表时还要规定其类型、长度，以便放置相应的数据，又称为确定表的结构。

在确定表的结构时，还需要考虑到表中各字段的约束条件、表的索引以及与其他表之间的关联问题。

1．约束条件

约束条件是对相关的数据所做的约定，以保证数据的一致性，是根据实际应用（语义）来确定的。比如对教师信息表中的教师编号，要约定不同人的编号不能相同，姓名部分不能不填（空值）。总之，约束是为了符合实际的应用，不能产生矛盾或发生不应该的情况。

2. 索引

数据库中的索引类似书中的目录。建立了索引后，在对表中数据进行查找时，无需每次都从头至尾逐个查找表中的数据，可以加快数据查询的速度。索引以表的列为基础，它保存着表中排好序的索引列，并且记住索引列在数据表中的物理存储位置。

3. 关联

数据库中存放的是某一应用领域反映客观实体及相互关系的数据。Access 2003 中的数据是放在表中的，即由一系列表构成，如果要反映两个表之间有相互联系，就要通过建立关联表来关联（表示）那两个表的关系。实际上 Access 2003 关系数据库中的表反映了系统的一类实体（基本数据表）或实体类之间的联系（关联表）。比如学校管理信息系统数据库中有教师表、工资表等，可以通过教师编号字段的关联形成当月薪酬发放表。

实际创建表之前先要进行表的设计，得到满足需求、结构合理的表，并且规划哪些表之间要建立关联。待相关应用的所有表设计好后，才能在 Access 2003 中建立表的结构，输入数据。

3.1.2 Access 2003 中的数据类型

所谓设计表的结构，就是规定表中各列（字段）的名称和数据类型，此后表中数据的存储与使用方式就被确定下来，直到被修改为止。实际上这是为了便于数据在计算机上的存储、管理。表中的每个字段预先规定一个统一的数据类型，比如人的名字是一串文字且有一个长度限制。不同种类或版本的数据库管理系统提供的数据类型会有一些差异，在使用时要了解其数据类型的规定。

Access 2003 提供了 11 种数据类型，既有系统提供的标准数据类型，也有给用户自己定义的数据类型，见表 3.3。

表 3.3　　　　　　　　　　　　Access 2003 使用的数据类型

数据类型	英文名	字段大小（字节）	说　明
文本	Text	最大长度 255	主要用来存储由字母、数字、汉字和符号组成的数据，最大长度是 255，系统默认为 50，是 Access 2003 默认的数据类型
备注	Memo	最大长度 2GB，可在控件中显示 65 535 个字符	文本类型的加长，由字母、数字、汉字和符号组成的数据
数字	Number	1，2，4，8 或 16 字节	用于数学计算中的数值数据，货币值除外；可设定数字类型的长度
日期/时间	Date/Time	8	设定时间范围为 100～9999 年
货币	Currency	8	用于数学计算的货币数值与数值数据，包含小数点后 1～4 位，整数部分最多 15 位
自动编号	Auto Number	4，16	添加记录时 Access 2003 自动插入一个唯一的数值，一般用做主键字段；该类型字段可按顺序增长，也可随机选择，但不能更新
是/否	Yes/No	1 位（8 位为 1 字节）	布尔值，用于只取两个可能值的字段，取值可以是"是/否"或"真/假"等
超级链接	Hyperlink	同备注字段长度	用于存储超级链接，以通过 URL 对网页进行单击访问，或通过 UNC（通用命名约定）格式的名称对文件进行访问

续表

数据类型	英 文 名	字段大小（字节）	说　　明
OLE 对象	OLE Object	最大 1GB，受限于所用磁盘大小	联接或内嵌于数据表中的对象，可以是 Excel 表格、Word 文件、图形、声音或其他数据
查询向导	Lookup Wizard	基于表或查询时等于绑定列的大小，基于值时等于存储值字段的大小	不是数据类型，用于启动"查阅向导"，使用户可以创建一个使用组合框在其他表、查询或值列表中查阅值的字段
附件		最大 2GB 的数据，单个文件的大小不超过 256MB	可以将多个文件存储在单个字段之中，对于压缩的附件，最大为 2GB，对于未压缩的附件，大约为 700KB，取决于附件的可压缩程度

对表 3.2 所示的教师表，可以由表 3.4 规定其表结构。

表 3.4　　　　　　　　　　　教师表结构示例

字段名	数据类型	大小	可为空否	索引	说　　明
教师编号	文本	8	否	主键	唯一的教师编号，主键
姓名	文本	8	否	有	不能为"空"，普通索引
性别	文本	2	是	无	取值为"男"或"女"，默认值为"男"
工作时间	日期/时间	8	是	无	
系别	文本	30	否	无	
电话	文本	18	是	无	可以为固定电话或手机

3.1.3　创建表

表设计好后，要放入数据库，这个步骤称为创建表。Access 2003 提供了以下 5 种创建表的方法。

1．数据表视图

此时打开的是一个空数据表，用户直接在表格的各字段栏目处输入字段名称来创建表。这种方法比较容易，但无法对每一个字段的数据类型和属性进行具体的设置，通常还需要在设计视图中对这种表再次修改其字段名及属性。

2．利用设计视图

可以利用可视化工具来设计和编辑数据库中的表结构。在表设计视图界面，按照自己设计好的字段名、字段类型、长度、主键等数据，完成对表的定义。由于是按照事先已规划好的意图进行，故建立后直接可以使用，效率较高。

3．利用表向导

利用系统中顶先设置好的示例表模板也可以创建表，这些表结构中包含了一些常见的典型字段。可在表向导指引下，选择或者不选择示例表中的类似字段来组成自己需要的表。

4．用导入表来创建

可以将其他软件系统中的电子表格、文本文件、数据库文件等多种形式的数据导入 Access 2003 数据库来使用。导入的操作可选择建立一个与源表结构类似的新表，这种表可以既有结构，又有数据。

5．利用链接表

链接到其他数据库中的某个表，从而使用该表。实际上建立链接只是增加一种对其他数据库中已经存在的表的引用，而不是另外在数据库中真正创建一个新表。

要创建表，先要打开一个已经存在的数据库。在"数据库"窗口选择"表"，再单击"新建"按钮，打开"新建表"对话框，如图 3.1 所示。

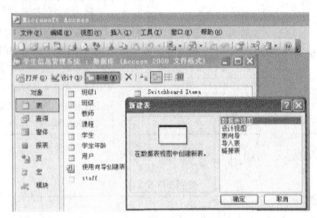

图 3.1 "新建表"对话框

【例 3.1】 使用数据表视图创建"分组"表。

解：

（1）打开"D:\Access\学生课程管理系统"数据库。

（2）在数据库窗口中选择表对象，单击"新建"按钮，出现"新建表"对话框。

（3）选择"数据表视图"，单击"确定"按钮，出现如图 3.2 所示的空数据表。在默认情况下，表的字段名显示为字段 1、字段 2……

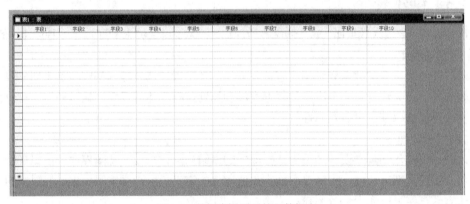

图 3.2 数据表视图下的空数据表

（4）此时可以修改字段名，同时输入表中数据，如图 3.3 所示。但通常用这种方法生成表的字段名及数据类型很难体现相关数据的内容，要进入表设计视图重新修改。

图 3.3 数据表视图中修改字段名及输入数据示例

【**例 3.2**】　使用设计视图创建教师表。

解：

（1）打开"D:\Access\学生课程管理系统"数据库。

（2）在数据库窗口中选择"表"对象，单击"新建"按钮，会弹出"新建表"对话框，如图 3.1 所示。

（3）单击"确定"按钮，此时会出现设计视图窗口。也可以单击工具栏的"设计"按钮或者双击"新建表"中的"设计视图"进入表设计视图窗口，如图 3.4 所示。

表设计视图窗口有上下两部分。上半部分是字段输入区，由字段选定器、字段名称、数据类型和说明部分组成，每个字段占用一行，用于详细定义；下半部分是字段属性区，可以对设置的字段进一步设置属性值。

（4）选择字段名称列，输入"教师表"的第一个字段名称"教师编号"，再选择"数据类型"列，并单击右下角的下拉箭头按钮，会弹出一个包括 10 种数据类型的下拉列表，如图 3.5 所示。

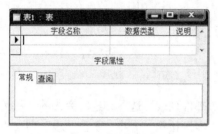

图 3.4　使用设计视图创建表窗口　　　　图 3.5　设计视图中数据类型下拉列表

（5）选择"自动编号"数据类型，然后在下半区的"常规"选项中设置其"字段大小"为长整形或某一个长度值。类似地可以对其他字段的属性进行设置。

（6）所有字段定义好之后，单击第一个字段"教师编号"的选定器，再单击工具栏上的"主关键字"按钮，给教师表定义主键。

（7）单击工具栏的"保存"按钮，这时会出现"另存为"对话框。在"表名称"文本框中输入表名"教师表"。

（8）单击"确定"按钮，则最终完成表结构的创建，如图 3.6 所示。

图 3.6　使用设计视图创建教师表

【例3.3】 使用表向导创建一个会员表，其中含有会员号、名字、电话3个字段。

解：

（1）打开"D:\Access\学生课程管理系统"数据库。

（2）在数据库主界面窗口中选择"表"对象，然后双击"使用向导创建表"，出现"表向导"对话框，如图3.7所示。

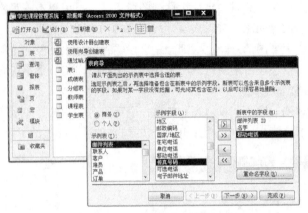

图 3.7 "表向导"对话框

（3）从该对话框左边的"示例表"中选择"邮件列表"选项，这时旁边的"示例字段"框中显示出"邮件列表"表的所有字段。如果单击">>"按钮，会将"示例字段"列表中的所有字段复制到"新表中的字段"列表里。也可以单击">"按钮，选择部分被选中的字段（或双击该字段），复制到"新表中的字段"列表里。图3.7所示对话框中已复制了3个字段到"新表中的字段"列表里，如果对选择的字段不满意，可以单击"<"（撤销某个选择的字段）或"<<"（撤销全部新表中的字段）按钮，取消已选的字段。

如果对"示例字段"中的字段名不满意，可以单击图3.7中的"重命名字段"按钮，打开"重命名字段"对话框，如图3.8所示。

图 3.8 "重命名字段"对话框

此时可以对新表中的字段重新命名，比如要将第一个字段"邮件列表ID"改名为"会员号"，修改后如图3.9所示。

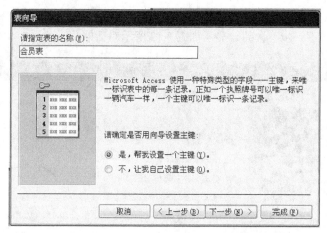

图 3.9　第一个字段名改为"会员号"

类似地可以选择其他字段进行修改。

（4）单击"下一步"按钮，显示如图 3.10 所示对话框。在"请指定表的名称"文本框中输入"会员表"，然后选择"是，帮我设置一个主键"选项。

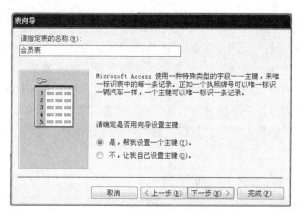

图 3.10　表名改为"会员表"

（5）单击"下一步"按钮，显示如图 3.11 所示对话框。该对话框询问新表是否与其他表相关联。

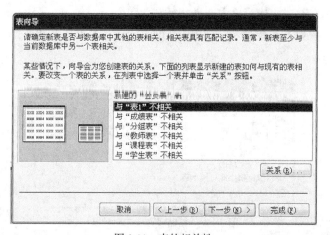

图 3.11　表的相关性

（6）如果有表要关联，则可单击列表框中的相关表，然后单击"关系"按钮进一步定义。否则单击图 3.11 中的"下一步"按钮，显示如图 3.12 所示对话框。

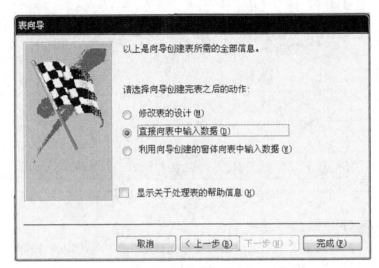

图 3.12 "表向导"对话框

（7）在图 3.12 中可以选择 3 种不同的后续操作。

① 选择"修改表的设计"选项，可以再次修改表的结构。

② 选择"直接向表中输入数据"选项，可以立即向表中输入数据。

③ 选择"利用向导创建的窗体向表中输入数据"选项，将出现一个输入数据的窗口。

（8）单击"完成"按钮，系统将进入所选择的后续步骤。

利用"表向导"设计的表，有时会与用户的实际情况有差异。这时，可以用设计视图对其进行修改。

3.1.4 复制、重命名及删除表

1. 对表的复制操作

（1）打开数据库，在窗口中选择"表"对象。

（2）选择要复制的表，比如"教师表"，选择"编辑|复制"菜单命令，或单击工具栏上的"复制"按钮，或按鼠标右键在快捷菜单中选择"复制"命令。

（3）选择"编辑|粘贴"菜单命令，或单击工具栏上的"粘贴"按钮，打开"粘贴表方式"对话框，如图 3.13 所示。

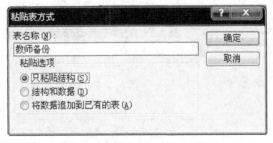

图 3.13 "粘贴表方式"对话框

（4）在"表名称"文本框中输入新的表名，如"教师备份"，并在"粘贴选项"中选择其一，如"只粘贴结构"，然后单击"确定"按钮。

 注意"只粘贴结构"单选项表示仅复制表的结构；"结构和数据"单选项表示复制整个表；"将数据追加到已有的表"单选项表示将记录追加到另一个已有的表尾部，可用于合并数据表。

2. 对表的重命名操作

（1）选择"表"对象，然后单击选择要重命名的表，比如"教师备份"表。

（2）选择"编辑|重命名"菜单命令，或从快捷菜单中选择"重命名"命令，此时可在原文件名处输入新表名，比如"教师备份1"。

3. 删除表的操作

（1）选择要删除的表，选择"编辑|删除"菜单命令；或者从快捷菜单中选择"删除"命令；或者直接按 Del 键，打开确认删除对话框，如图 3.14 所示。

图 3.14 确认删除对话框

（2）单击"是"按钮，删除表操作成功。

3.2 数据的输入

在表中存储相关数据是建立表的目的。在创建表的结构之后，就可以输入数据了，类似于人们日常填写空白表格。此时表中列的名称、结构、数据类型已经确定，只需一行行地顺序填入相关数据即可。

3.2.1 数据输入与编辑

数据输入最直接、常见的方式为使用数据表视图。由移动光标定位对数据进行增加、删除或修改，可以直接利用键盘、鼠标进行操作。如果输入字段的类型不匹配或不符合约束条件，则系统会提示有错，直到输入正确后才会继续往下操作。下面介绍几种常见的编辑操作。

1. 删除数据记录

将鼠标移动到相应记录的行上并选定，按 Del 键，此时系统会提示是否真正删除。

2. 修改数据记录

用鼠标或键盘选定相应记录中要修改的字段位置，直接输入新值替换原来的值即可。（对于批量修改，以后介绍高效率的方法。）

3. 数据记录的复制

复制功能可以提高录入数据的效率，方法是在表对象的数据表视图中找到需要复制的记录，单击鼠标左键，再单击右键，从快捷菜单中选择"复制"命令，然后选择存放新记录的行，从右键关联菜单中选择"粘贴"命令，将选中的记录粘贴到位。要注意的是，只有复制操作符合数据约束条件时才能执行成功。

如果要一次性复制多条记录，可在数据表中按住 Shift 键再选择行，完成选择后利用编辑菜单中的复制命令，或单击工具栏中的"复制"按钮，然后单击"粘贴"按钮即可一次性粘贴多条数据记录。

4．数据的查找

如果要查看表中的记录，可以打开相应的表，从头至尾按顺序浏览。如果表中记录很多，用户只要查看几条感兴趣的数据记录，此时可利用"查找"功能来查找符合给定条件的记录。如果要将找到的某些内容进行替换，则可使用"替换"功能，如图 3.15 所示。

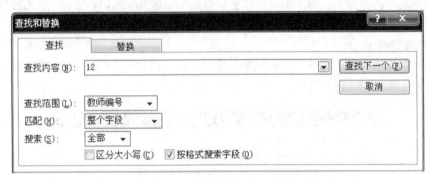

图 3.15 "查找和替换"对话框

通常有按记录号查找、按指定内容查找、查找空字段或空字符串等查找方式。

可以使用通配符配合查找，方法见表 3.5。

表 3.5 通配符的用法

字　符	用　法	示　例
*	通配任何个数的字符	Wh*可以找到 white 和 why，但找不到 wash 和 without
?	通配任何单个字符	B?ll 可以找到 ball 和 bill，但找不到 blle 和 beall
[ ]	通配方括号内任何单个字符	B[ae]ll 可以找到 balll 和 bell，但找不到 bill
!	通配任何不在括号之内的字符	b[!ae]ll 可以找到 bill 和 bull，但找不到 bell
-	通配范围内的任何一个字符	b[a-c]d 可以找到 bad、bbd 和 bcd，但找不到 bdd
#	通配任何单个数字字符	1#3 可以找到 103、113、123

【例 3.4】 在学生表中找出所有姓李的学生。

解：可以利用通配符进行查找，即可在"查找"选项卡中的"查找内容"处输入"李*"。操作步骤如下。

（1）打开"学生课程管理系统"数据库。

（2）选择表对象，打开学生表。

（3）在编辑菜单中选择"查找"项，此时弹出"查找和替换"对话框。

（4）在对话框的"查找内容"文本框中输入"李*"（其中*表示通配任何个数的字符，即所有李姓学生的名字），在"查找范围"选项中选择"姓名"，"匹配"选项中选择"整个字段"，"搜索"选项中选择"全部"，如图 3.16 所示。

图 3.16　在学生表中逐个查找姓李的学生

（5）单击"查找下一个"按钮，可找到第一个李姓学生。再逐次单击"查找下一个"按钮，可以逐个找到表中后续的李姓学生。如果已经显示过表中最后一个李姓学生，再往下查找时，系统会提示"Microsoft Office Access 已完成搜索记录，没有找到搜索项"。此时结束查找。

3.2.2　导入、导出数据表和链接外部数据表

Access 2003 提供数据表的导入、导出和链接外部数据表的功能，可以和其他数据库或文件进行数据交换。

1. 导入数据表操作

这是一种将 Access 2003 外部的数据文件从不同格式转换并复制到 Access 2003 中的方法。比如被导入的数据源文件类型可以是另一个 Access 的数据库文件、Excel 文件（.xls）、IE（HTML）、dBASE 等。

【例 3.5】　将其他目录下的 Excel 文件"11 计科 2011 下成绩.xls"输入到"学生成绩管理系统"数据库中，数据表名称改为"11 级成绩"。

解：

（1）有 3 种导入方法：在"新建表"对话框中选择"导入表"选项，双击它，或选择"确定"按钮；在数据库窗口内任意空白位置单击鼠标右键，从快捷菜单中选择"导入表"命令；在数据库窗口中选择"文件|获取外部数据|导入"菜单命令。选用任一方法，则系统会显示"导入"对话框，在其中"查找范围"下拉列表中指定文件夹，在"文件类型"下拉列表中选择"Microsoft Excel"选项，如图 3.17 所示。

图 3.17　在"导入"对话框选择文件类型

（2）选择"11 计科 2011 下成绩.xls"文件，再单击"导入"按钮，如图 3.18 所示。

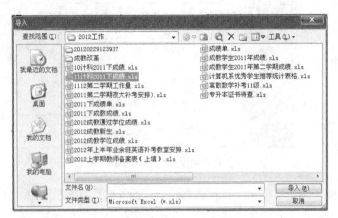

图 3.18　选择 Excel 文件

（3）在"导入数据表向导"对话框中选取工作区，如图 3.19 所示。

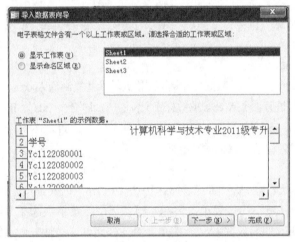

图 3.19　在"导入数据表向导"对话框中选取工作区

（4）单击"下一步"按钮，选取"第一行包含列标题"，再次单击"下一步"按钮，如图 3.20 所示。

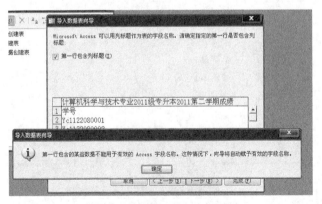

图 3.20　选择第一行包含标列题

（5）单击"下一步"按钮，在弹出对话框的"请选择数据的保存位置"选项中选择"新表中"，如图 3.21 所示。

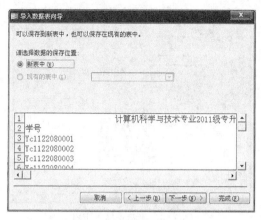

图 3.21 认可保存在新表中

（6）单击"下一步"按钮，显示处理导入字段的对话框，如图 3.22 所示。

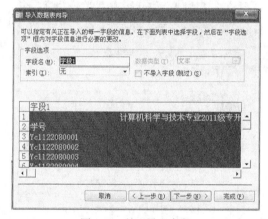

图 3.22 处理导入字段

（7）在对话框中处理第一个字段，在"索引"下拉列表中选择"有（有重复）"选项，并认可该字段要导入，如图 3.23 所示。

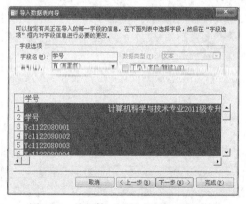

图 3.23 处理第一个导入字段"学号"

（8）在对话框中处理第 5 个字段"中国近代史纲要"，选择"不导入字段（跳过）"复选项，表示该字段不出现在导入 Access 2003 的新表中，如图 3.24 所示。

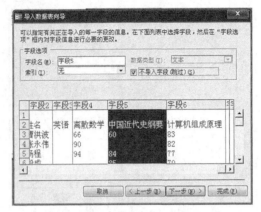

图 3.24　确定不导入字段

（9）单击"下一步"按钮，弹出选择如何设置主键的画面，如图 3.25 所示。

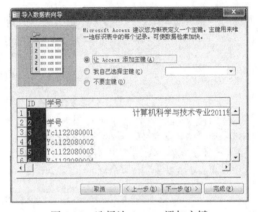

图 3.25　选择让 Access 添加主键

选择"让 Access 添加主键"选项，由 Access 添加一个自动编号的主键，再单击"下一步"按钮，在弹出画面的"导入到表"文本框中输入导入的新表名称"11 级成绩"，如图 3.26 所示。

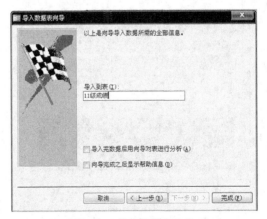

图 3.26　指定数据表名称

（10）单击"完成"按钮，显示提示框，提示数据导入已经完成，如图 3.27 所示。

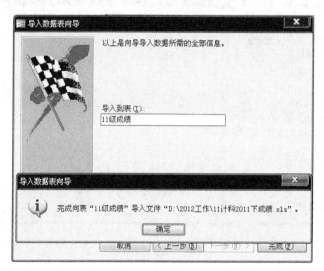

图 3.27 结束提示框

此时"学生成绩管理系统"数据库中会增加一个名为"11 级成绩"的数据表，其内容来自修改过的"11 计科 2011 下成绩。.xls"文件。完成后的"11 级成绩"数据表打开后如图 3.28 所示。

ID	学号	字段2	字段3	字段4	字段6
1					
2	学号	姓名	英语	离散数学	计算机组成原理
3	Yc1122080001	曹洪波		66	83
4	Yc1122080002	张永伟		90	82
5	Yc1122080003	杨程		94	77
6	Yc1122080004	殷成			70
7	Yc1122080005	姜龙军		90	84
8	Yc1122080006	石超		94	77
9	Yc1122080007	王敏		63	70
10	Yc1122080008	张奕		83	60
11	Yc1122080009	梁俊		61	60
12	Yc1122080010	周正洪		64	60
13	Yc1122080011	徐艳		88	86
14	Yc1122080012	耿金鹏		28	45

图 3.28 存在于数据库中的"11 级成绩"表

2. 导出数据表操作

与导入相逆，Access 2003 可以将数据库中的表导出到其他数据库或文件中。比如可以将例 3.5 中导入的"11 级成绩"表导出到名为"11 级成绩"的 Excel 表格中。简单操作如下。

（1）在数据库中选择"11 级成绩"表，单击鼠标右键，从快捷菜单中选择"导出"命令，则会显示出"将表 11 级成绩导出为…"对话框，如图 3.29 所示。

（2）从"保存类型"中选择 Excel 类型，"文件名"中选择"11 级成绩"名称，再设置存放目录位置，然后单击"导出"按钮，则完成导出操作，如图 3.30 所示。

图 3.29　选择导出对象

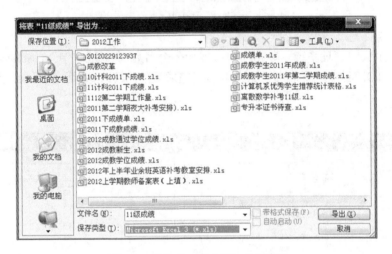

图 3.30　导出"11 级成绩"表对话框

3. 链接表操作

Access 2003 还具有用链接表建立表的功能，其操作类似导入表，但链接表在数据库中只包含链接数据源的有关路径，不实际将链接表保存到数据库中，不能修改链接表的结构。另外，如果其他数据源中删除了相关表格，则链接会出错，有关导入和链接表的一些细节规定可以查看有关资料。

3.3　字段的设置

设计表的重点是定义好表的结构，并对表中的各个字段的数据类型及相应的属性进行细致的定义。Accss 2003 针对字段的功能相当丰富。

3.3.1 字段名称及类型

1. 字段名称

字段的名称可以由英文、中文、数字及一些特别符号组成，但必须符合以下数据库对象的命名规则。

（1）字段名称的长度为 1～64 字符，一个汉字为 2 字符。

（2）不能以空格开始。

（3）可以用字母、数字、汉字、空格及数据库中的一些特别字符，但不能包含"."、"!"、"[ ]"等符号。

（4）不能使用 ASCII 码为 0～31 的字符。

2. 字段类型

每个字段中须有自己的数据类型。一旦规定了数据类型，则该字段中输入的数据要与类型规定的值域（取值范围）相符合。如果输入的数据与类型不一致，Access 会提示错误信息，且不予保存。Access 规定的数据类型见表 3.3。

如果要修改字段名，可以打开表的设计视图，在上半部分"字段名称"列中选中想要修改的字段名，将其修改为新的名称即可。

如果要修改字段的数据类型，在设计视图的上半部分选中相应字段名并单击其数据类型，此时系统会显示所有可供设置的数据类型。然后选择要改成的新类型即可。注意，如果是一张没有数据的空表，可以任意修改其字段的数据类型。但如果表中已有数据，则待改的数据类型必须是相容的。如果不相容，系统会提示用户不能随意修改，否则会造成错误。

3.3.2 字段的插入、删除和移动

1. 删除字段

可以通过以下 4 种方法之一删除数据表中的字段。

（1）通过单击"设计视图"的行选择器来选择要删除的字段，然后按 Delete 键。

（2）先将鼠标指向要删除的字段，再在"编辑"菜单中选取"删除行"选项。

（3）先将鼠标指向要删除的字段，再单击工具栏中"删除行"命令按钮。

（4）先将鼠标指向要删除的字段，再单击鼠标右键，在显示的菜单中选择"删除行"选项。

如果数据表中已存储了记录，或者数据表在要删除的字段上已建立了索引，系统会提出警告，提醒用户将丢失数据表中此字段的所有数据与相关索引。此时用户可以选择执行还是取消删除操作。如果数据表没有在该字段上建立索引，也没有存储数据记录，则系统直接删除字段。注意，不要随意删除字段，因为字段常常在查询、窗体、报表等中还有被使用，会造成相应对象无法正常工作。

2. 插入字段

把光标移动到待插入字段的右边字段，在"插入"菜单中选择"行"选项。或者单击工具栏上的"插入行"命令按钮，则在表中添加一个新的空字段行。然后根据要求输入该字段的定义。插入字段不会影响表中已有字段的属性和表中的现有数据，但如果在查询、窗体或报表已有对该表的使用，则需要对这些数据库对象做相应的修改。

3. 移动字段

如果要对表重新排列字段，只需在表的设计视图中单击某字段的行选择器，选中该字段，然

后单击字段并按住鼠标左键，将该字段拖动到所要的新位置即可，也可以利用快捷键 "Ctrl+X" 来完成。

3.3.3 重新设置主键

允许对主键进行重定义。先删除原主键，再设置其他字段为新主键，操作步骤如下。

（1）在数据库主界面窗口选定表对象。

（2）再单击选择要重定义主键的表，然后单击 "设计" 视图按钮。

（3）把光标移到主键所在行的字段选定器上，然后单击工具栏上的 "主键" 按钮，此时取消了原来设置的主键。

（4）单击要设为主键的字段选定器，再单击工具栏上的 "主键" 按钮。此时新主键所在的字段选定器上会显示一个 "主键" 图标 ，表示该字段为新的主键。

3.3.4 字段的属性设置

当创建好表结构后，还要对表中各字段进行属性描述，即可在属性区设置属性值。字段的属性确定对该字段数据的存储、处理、显示等。

不同的字段属性是有区别的。当在表 "设计视图" 中选择某个字段时，屏幕下半部的 "字段属性" 区就会依次显示出与该字段有关的属性设置，如图 3.31 所示。

以下介绍一些常用的字段属性设置方法。

1. 限制 "字段大小"

文本、数字和自动编号 3 种数据类型可用 "字段大小" 属性限定其取值范围，例如数字类型的字段大小有 7 种可选的属性。可以通过对应 "字段大小" 行上的下拉列表来选定，如图 3.32 所示。

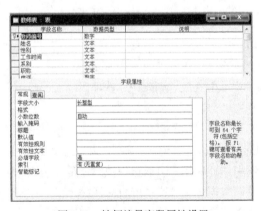

图 3.31 教师编号字段属性设置

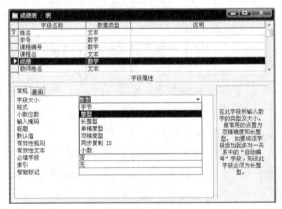

图 3.32 数字类型字段大小选择

数字类型字段允许的范围见表 3.6。

表 3.6 数字类型及其取值范围

数字类型	数值的取值范围	标 识	小数位数	存储占用
字节	0～255	Byte	0	1 字节
整型	−32 768～32 767	Integer	0	2 字节
长整型	−2 147 483 648～2 147 483 647	Integer	0	4 字节

续表

数字类型	数值的取值范围	标　　识	小数位数	存储占用
单精度型	−3.4*10～3.4*10	Float 4	7	4 字节
双精度型	−1.79734*10～1.79734*10	Float 8	15	8 字节

2. 字段输出标题设置

字段输出标题是仅在表、窗体或报表输出时对应字段所用名称（其他时刻字段还是用存储在表结构中的原名称）。此项是针对不同的用户，可以用他们习惯的方式看到表的列名称及其内容，只是列的名称改变，数据表的内容不变。

设置字段输出标题的方法为，在图 3.31 所示的字段属性设置窗口中（表的设计视图）选择要设定的字段，再将光标移到字段属性区的标题项，直接输入该字段输出时要用的名称。比如要将教师表中的"姓名"字段设定为字段输出标题"教师姓名"，则输入结果如图 3.33 所示。

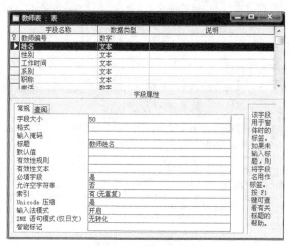

图 3.33　设置字段的输出标题示例

图 3.34 给出了修改过的教师表，"姓名"字段输出标题已改为"教师姓名"。

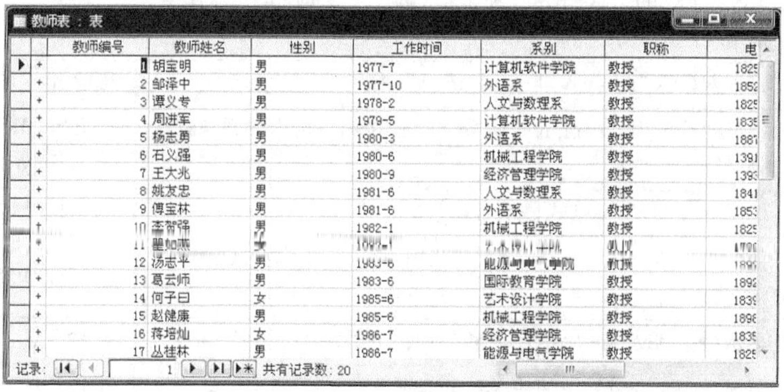

图 3.34　字段输出标题的修改结果示例

3. 设置系统提供的标准输入、输出格式

Access 2003 对于除了 OLE 对象字段外的其他字段类型都设置了一些标准格式，提供给用户

选用。字段输入、输出格式可以保证输入、输出的规范性，避免出错，并且这种设置只安排数据的输入、输出格式，不影响数据内容。表 3.7 ~ 表 3.9 所示为几种数据类型的常用标准输入、输出格式。

表 3.7 　　　　　　　　　　　　"是/否" 数据类型的格式

格　式	说　明
是/否	默认将 0 显示为 "否"，将任何非零值显示为 "是"
True/False	将 0 显示为 "False"，将任何非零值显示为 "True"
开/关	将 0 显示为 "关"，将任何非零值显示为 "开"

表 3.8 　　　　　　　　　　"数字"、"自动编号" 及 "货币" 数据类型的格式

格　式	说　明	示　例
常规数字	系统默认格式，按输入显示数字：在小数点右侧或左侧最多可显示 11 位；如果数字位数超过 11 位，或控件的宽度不足，系统对该数字进行四舍五入；对于非常大或非常小的数字，使用科学记数法输出	66.78
货币	对数值应用指定的货币符号和格式	$36,79
欧元	对数值应用欧元符号	€95,076.42
固定	显示带有 2 个小数位但不带千位分隔符的数字；如果字段中的值包含 2 个以上的小数位，系统对该数字向下舍入到 2 位	1 678.79
标准	显示带有千位分隔符和 2 个小数位的数字；如果字段中的值包含 2 个以上的小数位，系统会对该数字向下舍入到 2 位	3,689.79
百分比	将数字显示为带有 2 个小数位和 1 个尾随百分号的百分数；如果基础值包含 4 个以上的小数位，Access 会对该值向下舍入	69.70%
科学记数	用科学（指数）记数法显示数字	5.49E+07

表 3.9 　　　　　　　　　　　　日期和时间数据类型的格式

格　式	说　明	示　例
常规日期	系统默认格式，将日期值显示为数字，将时间值显示为后接 AM 或 PM 的 "时:分:秒" 格式；对于日期和时间类型的值，系统均使用默认分隔符	07/22/2012 11:33:11 PM 07/22/2012 11:33:11 AM
长日期	将日期显示为 "yyyy 年 m 月 dd 日" 格式	2012 年 7 月 22 日，星期日
中日期	将日期显示为 dd/mmm/yyyy 格式，使用用户指定或系统默认分隔符	22/July/2012 或 22-July-2012
短日期	按照 mm/dd/yyyy 格式显示日期值	7/22/2012 或 7-22-2012
长时间	显示后跟 AM 或 PM 的小时、分钟和秒钟，使用默认的分隔符	11:12:33 PM
中时间	显示后跟 AM 或 PM 的小时和分钟，使用默认分隔符	11:12 AM
短时间	只显示小时和分钟，使用默认分隔符	11:12

具体的设置方法是在数据表设计视图中选择相应字段，再选择字段属性区中的格式栏，在下拉菜单中选定相应格式。

【例 3.6】 在学生表中增加 "学费" 字段，数据类型为数字型，输出格式为 "常规数字"。

解:

（1）打开学生表的设计图，在最后一行字段的下一行空白处输入字段名称"学费"。数据类型一栏选择"数字类型"。

（2）在下半区字段属性定义的字段大小栏选择"单精度型"，在格式选择栏选择"常规数字"，如图 3.35 所示。

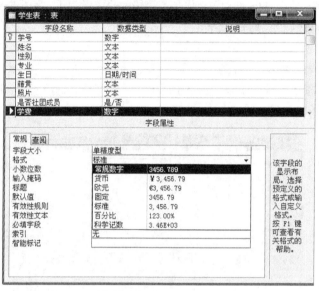

图 3.35　增加学费字段显示格式设为常规数字

（3）在修改后的学生数据表中增加每人的学费列的数字输入，结果如图 3.36 所示。

		学号	姓名	性别	专业	生日	籍贯	照片	是否社团成员	学费
▶	+	199020	吴廷猷	男	商务信息	1993-4-5	江苏	有	☑	4860
	+	199004	俊熙瑢	男	商务信息	1993-2-3	江苏	有	☐	4860
	+	199006	张洁	男	商务信息	1992-12-3	江苏	有	☐	4860
	+	199010	杨帅	男	商务信息	1992-9-24	江苏	有	☐	4860
	+	199015	刘梦竹	女	商务信息	1992-9-15	江苏	有	☑	4860
	+	199019	于乐	男	商务信息	1992-7-13	江苏	有	☐	4860
	+	119003	李雪	女	商务信息	1992-7-2	江苏	有	☐	4860
	+	199018	马治超	男	商务信息	1992-6-24	江苏	有	☐	4860
	+	199008	张德岭	男	商务信息	1992-6-17	江苏	有	☐	4860
	+	199016	范松沛	男	商务信息	1992-4-26	江苏	有	☑	4860
	+	199009	詹雯	男	商务信息	1992-4-25	江苏	有	☐	4860
	+	199011	苏美兰	女	商务信息	1992-4-19	江苏	有	☑	4860
	+	199013	李怀兰	女	商务信息	1992-3-23	江苏	有	☑	4860
	+	119001	葛新旭	男	商务信息	1992-3-4	江苏	有	☑	4860
	+	119002	张志平	男	商务信息	1992-2-25	江苏	有	☑	4860
	+	119111	徐倩涵	男	商务信息	1991-12-19	江苏	有	☐	4860
	+	199007	李帅	男	商务信息	1991-12-12	江苏	有	☑	4860

记录: ◀ ◀ 1 ▶ ▶▶ 共有记录数: 20

图 3.36　新增学费字段的操作结果

4. 自定义输入、输出格式

Access 2003 提供用户自定义字段的输入、输出格式的功能，以满足多样化和特殊需求。但是对于不同类型的数据，自定义规定的格式符号和方法是不同的，本书不详细介绍，可以查阅相关使用手册。

5. 设置"默认值"

利用"默认值"属性可以减少输入数据时的工作量。"默认值"指定了在添加记录时对于相应的字段内容,自动输入规定的那个"默认值"。在数据表中常有一些字段的数据相同或含有相同的部分,比如教师表中的"性别"字段只有"男"、"女"两种值,此时可以将其中之一设为默认值,以减少输入量。

【例3.7】将"教师表"的"性别"字段的"字段大小"设为1,字段的"默认值"设为"女""工作时间"字段的格式设为 yyyy/mm/dd。

解:

(1)打开"教师表"的设计视图。

(2)在上半区选择"性别"字段,在下半区的"字段大小"栏填入1,默认值属性栏中输入"女",如图3.37所示。

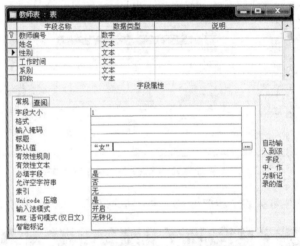

图3.37 设置字段大小为1,默认值为"女"

(3)在上半区选择"工作时间"字段。下半区的格式栏下拉菜单中没有相应的格式,则在格式栏中直接输入 yyyy/mm/dd 格式,如图3.38所示。

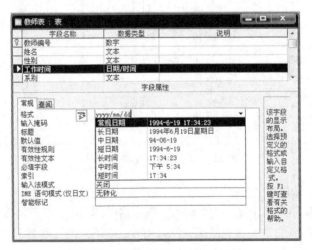

图3.38 "工作时间"字段格式设置

在设置“默认值”属性时，必须与字段中所设的数据类型相匹配。设置成功后，在输入新记录时，此默认值会自动插入相应字段位置。当然也可以输入新值来取代它，比如在例 3.7 中设置性别为“女”，则在输入女教师记录时，该字段内容已存在。而当输入的是男教师记录时，该字段预先也自动设为“女”，此时则要将性别字段的内容由“女”改为“男”。例 3.7 的结果如图 3.39 所示。

	教师姓名	性别	工作时间	系别	职称	电话
+	胡宝明	男	1977/07/01	计算机软件学院	教授	18251950443
+	邹泽中	男	1977/10/01	外语系	教授	18527783467
+	谭义专	男	1978/02/01	人文与数理系	教授	18253787327
+	周进军	男	1979/05/01	计算机软件学院	教授	18352783278
+	杨志勇	男	1980/03/01	外语系	教授	无
+	石义强	男	1980/06/01	机械工程学院	教授	13911393824
+	王大兆	男	1980/09/01	经济管理学院	教授	13934589983
+	姚友忠	男	1981/06/01	人文与数理系	教授	18418334734
+	傅宝林	男	1981/06/01	外语系	教授	18537237634
+	李贺强	男	1982/01/01	机械工程学院	教授	18252637450
+	瞿如燕	女	1982/01/01	艺术设计学院	教授	17323783624
+	汤志平	男	1983/06/01	能源与电气学院	教授	
+	葛云师	男	1983/06/01	国际教育学院	教授	18923937644
+	何子曰	女		艺术设计学院	教授	18392832483
+	赵健康	男	1985/06/01	机械工程学院	教授	18989455788
+	蒋培灿	女	1986/07/01	经济管理学院	教授	18352617823
+	丛桂林	男	1986/07/01	能源与电气学院	教授	18253674189
+	杨书琴	女	1988/06/01	人文与数理系	教授	18323724343
+	史援朝	男	1989/06/01	国际教育学院	教授	18427324678
+	苏德江	男	1989/06/01	外语系	教授	18251935261
+	李卫	女	1999/06/06	计算机系	副教授	18905161265
*		女				无

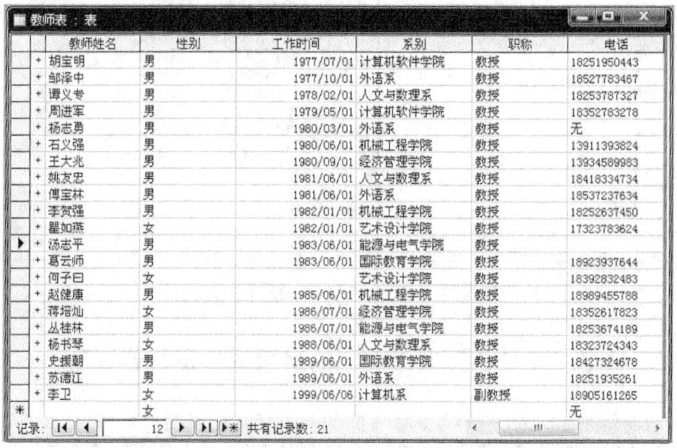

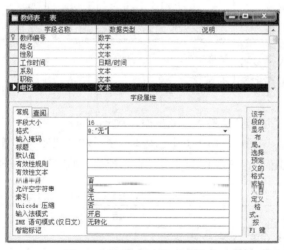

图 3.39　经例 3.7 修改后的教师表

【例 3.8】 修改教师表中关于“电话”字段的格式。当字段中没有电话号码时，要显示“无”，否则还是按原有号码显示。

解：

（1）打开教师表的设计视图。

（2）在上半区选择“电话”字段。此时下半区的字段属性显示了“电话”字段的所有属性，在其格式字段属性框中输入“@;“无””，如图 3.40 所示。

图 3.40　设置“电话”字段格式

（3）单击工具栏上的“视图”按钮，在其下拉菜单中选择教师表的“数据表视图”选项，得到如图 3.41 所示的数据表。当电话字段没有输入内容时均显示“无”，而当光标移到时，则不显示“无”而将等待输入电话号码。图中“电话”列中有一个空白栏为当前光标所处位置。

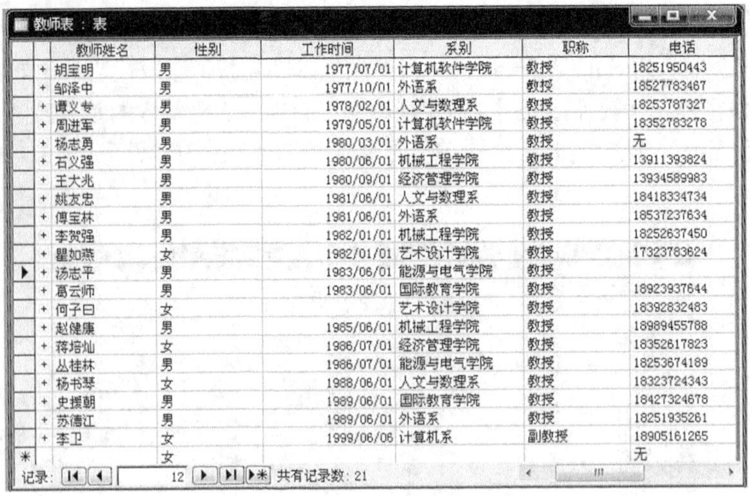

教师表：表

教师姓名	性别	工作时间	系别	职称	电话
胡宝明	男	1977/07/01	计算机软件学院	教授	18251950443
邹泽中	男	1977/10/01	外语系	教授	18527783467
谭义专	男	1978/02/01	人文与数理系	教授	18253787327
周进军	男	1979/05/01	计算机软件学院	教授	18352783278
杨志勇	男	1980/03/01	外语系	教授	无
石义强	男	1980/06/01	机械工程学院	教授	13911393824
王大兆	男	1980/09/01	经济管理学院	教授	13934589983
姚友忠	男	1981/06/01	人文与数理系	教授	18418334734
傅宝林	男	1981/06/01	外语系	教授	18537237634
李贺强	男	1982/01/01	机械工程学院	教授	18252637450
瞿如燕	女	1982/01/01	艺术设计学院	教授	17323783624
汤志平	男	1983/06/01	能源与电气学院	教授	
葛云师	男	1983/06/01	国际教育学院	教授	18923937644
何子曰	女		艺术设计学院	教授	18392832483
赵健康	男	1985/06/01	机械工程学院	教授	18989455788
蒋培灿	女	1986/07/01	经济管理学院	教授	18352617823
丛桂林	男	1986/07/01	能源与电气学院	教授	18253674189
杨书琴	女	1988/06/01	人文与数理系	教授	18323724343
史援朝	男	1989/06/01	国际教育学院	教授	18427324678
苏德江	男	1989/06/01	外语系	教授	18251935261
李卫	女	1999/06/06	计算机系	副教授	18905161265
	女				无

记录：12 共有记录数：21

图 3.41　显示修改字段后的数据表

可以利用一些系统规定的符号在类型为文本的字段中自定义格式属性，见表 3.10。

表 3.10　自定义“文本”类型字段属性格式符号

符　号	功　　能	例
@	定义连续 *n* 个@对应字符显示，如果字符串长度小于 *n*，则在前面加空格	定义@@@，则当有输入“mt 时再前面加一空格补到占 3 个字符位置“ mt”
&	与上述@类似，差别为在字符数不够时不加空格	定义&&&则当有输入“mt”时不加空格，显示“mt”
-	强制向右对齐	-@@@@
!	强制向左对齐	!@@@@
>	强制所有字符大写	>@@@
<	强制所有字符小写	<@@@

自定义格式：<格式符号>;<字符串>

参见图 3.40 中电话字段格式的定义。

6. 设置输入掩码

设置输入掩码是为了屏蔽非法输入，减少输入数据时的人为错误。它是用来预先设置用户输入字段数据的标准格式。该属性可用于数字、文本、货币和日期/时间类型的字段，通过规定一些特殊字符来设置“输入掩码”。表 3.11 所示为“输入掩码”的特殊格式符号。

表 3.11　设置输入掩码格式用的特殊符号

字　　符	用　　法
0	数字，必须在该位置输入一位数字
9	数字，该位置上的数字是可选的
#	在该位置输入一个数字、空格、加号或减号，如果跳过此位置，系统输入一个空格
L	字母，必须在该位置上输入一个字母
?	字母，可以在该位置输入一个字母

续表

字　　符	用　　法
A	字母或数字，必须在该位置输入一个字母或数字
a	字母或数字，可以在该位置输入一个字母或一位数字
&	必须在该位置输入一个字符或空格
C	该位置上的字符或空格是可选的
. , : ; - /	小数分隔符、千位分隔符、日期分隔符和时间分隔符
<	其后的所有字符都以大写字母显示
>	其后的所有字符都以小写字母显示
!	从左到右（而非从右到左）填充输入掩码
\	强制 Access 显示紧随其后的字符，这与用双引号引起一个字符具有相同的效果

【例 3.9】 对教师表中的"办公电话"字段设置"输入掩码"，要求只能输入 4 位区号，8 位电话号码，最多 3 位分机号码，区号用括号，分机号与电话号码之间用"-"分隔。

解：

（1）打开"教师表"视图，选择设计按钮，屏幕显示"教师表"的设计视图。

（2）选择"办公电话"字段，比如屏幕下半区字段属性会显示有与该字段相关的所有属性，选择"输入掩码"属性框，输入"（9999）00000000-999"，表示应该输入 4 位区号，（不能多于也不能少于 4 位），8 位电话号码（必须是 8 位数字）和 3 位分机号，如图 3.42 所示。

（3）保存设置后切换到"教师表"的数据表视图，如图 3.43 所示。

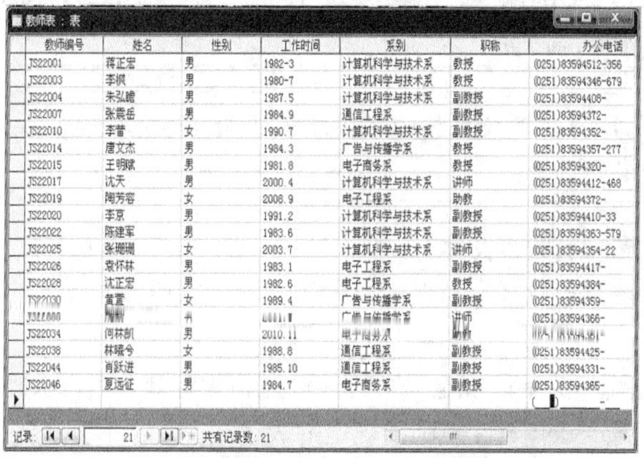

图 3.42　设置办公电话字段的"输入掩码"属性

图 3.43　办公电话设置"输入掩码"的教师表内容

图中分机号码可以有，也可以没有，也可以不到 3 位数字，当光标移到该字段的空白栏时，显示"（）__-__"格式。

对于"文本"和"日期/时间"类型的字段，可使用"输入掩码向导"进行设置。这只需单击

"输入掩码"右边的"…"按钮，打开"输入掩码向导"对话框，如图 3.44 所示。

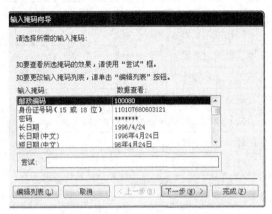

图 3.44 "输入掩码向导"对话框

图中列出了可供选用的输入掩码样板。如果不满意，还可以单击"编辑列表"按钮，打开"自定义输入掩码向导"对话框，创建自定义的输入掩码。表 3.12 所示为提供自定义的"输入掩码"符号。

表 3.12　　　　　　　　　　　可供自定义的"输入掩码"符号

符号	功 能 说 明
0	可输入数字 0～9，不可输入空格，每一位都必须输入
9	可输入数字 0～9 或空格，不是每一位都必须输入
#	可输入数字 0～9、空格、加号或减号，不是每一位都必须输入
&	可输入任意字符、空格，每一位都必须输入
C	可输入任意字符、空格，不是每一位都必须输入
L	可输入大小写英文字母、不可输入空格，每一位都必须输入
?	可输入大小写英文字母、不可输入空格，不是每一位都必须输入
!	将输入数据方向更换为由右至左，但输入前的字符左方需留空，以便看得出差别
>及<	接下来的字符以大写或小写显示，且输入英文时，大小写不受键盘的 CapsLock 限制
\	接下来的字符以原义字符显示

注意

"格式"属性用于定义数据的显示方式，而"输入掩码"属性用于定义数据的输入方式，这是两者的区别。

7. "有效性规则"和"有效性文本"

"有效性规则"和"有效性文本"这两个属性用于限定字段数据输入的范围，可防止错误的数据输入到表中。

"有效性规则"预先给相关字段规定一个比较或逻辑表达式。当每次输入数据时，系统检查该字段新输入的数据是否满足"有效性规则"规定的表达式，如果满足就正常接收该数据，如果不满足，则给出有错提示，一直要求到输入正确范围的数据为止。比如培训班开班报名人数范围限定在 10 人以上开班，100 人满额，即开班人数范围为 11～100 人，可以设置其"有效性规则"表达式为"([人数]>10)and([人数]<101)"，当人数字段数据输入不在 11～100 范围内时，系统报错，不接收输入。

"有效性文本"作为提示信息用于配合"有效性规则"。在设置"有效性文本"属性时，输入一段"有效性文本"。当输入的数据不符合"有效性规则"时，"有效性文本"出错提示信息，提示用户直到输入正确数据为止。如果不进行设置，系统会提示默认显示信息，但没有"有效性文本"设置提示的信息直接、明了。表 3.13 给出了 Access 2003 表达式中允许使用的运算符。

表 3.13　　　　　　　　　　Acess 2003 表达式中可以使用的运算符

符　号	功　能　说　明
+	加法
–	减法
*	乘法
/	除法
\	求除法的整数部分
^	x^y 为求 x 的 y 次方
<	小于，两个相同数据类型的数据比较，x<y 结果为 true 或 false
<=	小于等于，解释与上雷同
>	大于，解释与上雷同
>=	大于等于，解释与上雷同
=	等于，解释与上雷同
<>	不等于，解释与上雷同
Between x and y	判断某数据是否在[x,y]范围内
like	配合其他字符进行模糊查找，如 like "朱*"（文本类型）
&	字符串连接（文本类型）
and	两个关系或逻辑表达式 X、Y 值都为 true 时，X and Y 为 true，否则为 false
or	X、Y 同上，当 X、Y 值都为 false 时，结果为 False，否则为 true
not	not X 对 X 的真假值取反
is null	判断某字段是否为空，结果为 true 或 false

Access 2003 表达式中常用函数见表 3.14。

表 3.14　　　　　　　　　　Access 2003 常用函数

函　数	含　义
Round(数值表达式)	对操作数四舍五入取整
Len(字符串表达式或变量)	返回字符串表达式或变量所含字符个数
Left(字符串表达式或变量,N)	从字符串左起截取 N 个字符，无返回，如果 N 大于等于字符串长度，则返回整个字符串
Right(字符串表达式或变量,N)	与上述 left 的差别在从右边截取 N 个字符
Mid(字符串表达式或变量,n1,n2)	从字符串左边第 n1 个字符起截取 n2 个字符，如果 n1 大于字符串长度，无返回，如果省略 n2，返回左边第 n1 个字符起的所有字符
Ucase(字符串表达式)	将字符串中的小写字母转换为大写字母
Lcase(字符串表达式)	将字符串中的大写字母转换为小写字母

续表

函　数	含　义
Str(数值表达式)	将数值表达式值转换成字符串
Date()或 Date	返回系统当前日期
Time()或 Time	返回系统当前时间
Now	返回系统当前日期和时间
Year(日期表达式)	返回日期表达式的年份
Month(日期表达式)	返回日期表达式的月份
Day(日期表达式)	返回日期表达式的日数
Weekday(日期表达式)	返回星期天数 1~7 其中之一

可以直接输入"有效性规则"表达式，也可以利用"表达式生成器"，在表的设计视图中选择相关字段后单击"有效性规则"后的"…"按钮，显示出表达式生成器，如图 3.45 所示。利用表达式生成器中的对话框来选择建立表达式。在对话框中间部分提供了一些常用的操作符按钮，在下侧的窗口中列出了系统提供的函数、常量和操作符集。单击选择后，会在右下侧的窗口中出现具体的函数、常量和操作符列表。双击选择后，所选取的内容就会出现在上半区的文本框中。

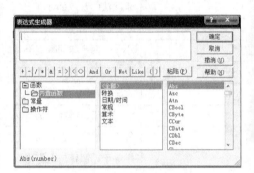

图 3.45　表达式生成器

【例 3.10】　在课程表中设置"学分"字段的有效输入为 1~6 的整数，出错时给予提示。

解：可以对"学分"字段设置"有效性规则"为"＞0And<=6"，将出错提示信息"学分只能是 1~6 之间的整数"设置到"有效性文本"栏中，操作步骤如下。

（1）在数据库主窗口中，选择表对象。

（2）单击选择"课程表"，选择"设计"按钮，屏幕显示"课程表"的设计视图。

（3）选择上半区的"学分"字段。

（4）在下半区的字段属性区里的"有效性规则"文本框中输入"＞0And<=6"，在"有效性文本"文本框中输入"学分只能是 1~6 之间的整数"，如图 3.46 所示。

（5）保存本次设计。

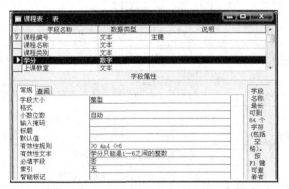

图 3.46　设置"有效性规则"和"有效性文本"

（6）切换到"课程表"数据表视图。此时如果在学分字段输入一个超出范围的数字，比如输入大于 6 的 7，当进入下一字段输入或保存时，屏幕上会有出错提示框，如图 3.47 所示。

图 3.47　"有效性规则"起作用提示出错

8. 索引

建立一个索引是为了提高对表中数据的查询速度。设置索引并不改变数据在数据表中的物理存储顺序，而只是规定了一种逻辑上的排序。当数据类型是"数字"、"文本"、"日期/时间"或"货币"时，可以建立索引。

同一个表中可以建立一个或多个索引，可以对一个字段创建一个索引，也可以用字段组合（多个字段参与）创建一个索引。当使用多字段组合建立索引排序时，先按建索引时的第一个字段进行排序，只有在第一个字段遇到重复值时，这些有重复值的记录启用第二个索引字段进行排序。

索引可以有 3 种设置：无，表示无索引（也是默认设置）；有（有重复），表示有索引但允许不同记录的字段里有重复值；有（无重复），表示相关字段有索引，但各记录中该字段的值不能有重复。

Access 2003 常用以下方式创建索引。

（1）主键索引。它是一种唯一索引，可使用"有（无重复）"选项来建立。首先进入表的设计视图，选择要成为主键的字段，然后在菜单中选择"表工具|设计|主键"选项，或者使用工具栏中的设置或取消主键的按钮，完成主键索引的建立。如果要取消主键，也是单击已经是主键字段的该按钮，它是一种开关键。

（2）对单个字段创建索引。首先进入表的设计视图，选中要建索引的字段，然后在字段属性区中选择索引选项，单击复选框，可以找到索引选项。如果选择"无"，则该字段无索引；如果选择"有（有重复）"，则建立一个允许重复值存在的索引；如果选择"有（无重复）"，则对该字段建立一个唯一索引，如图 3.48 所示。

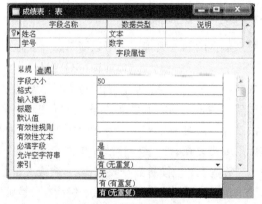

图 3.48　对某字段选择索引

（3）进入表的设计视图，单击鼠标右键选择设计视图的标题栏，在快捷菜单中选择"索引"选项，或者单击工具栏中的"索引"按钮，这时可以查看到该表中已经建立的索引，此时也可以直接创建新索引或修改已经创建的索引。图 3.49 所示是成绩表上的索引。

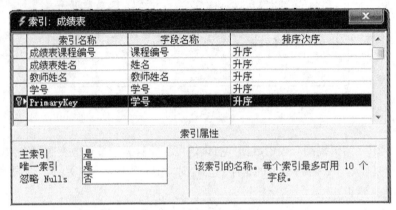

图 3.49　成绩表上的索引

（4）利用 SQL 语句创建索引。如果需要建立较为复杂的索引，可以使用输入 SQL 语句建立查询的方式进行操作，有关 SQL 语句的使用本书不做详细描述。

建立索引是为了加快查询速度。系统在表中进行插入、删除与修改时会自动维护索引，此时会降低操作的速度，故建立索引要适当，不是建得多就好，对于"备注"、"超链接"和"OLE 对象"的字段不可以建立索引。

建立主键的无重复索引是维护实体完整性的重要措施，当表的主键是单一字段时，系统会自动为此字段创建"有（无重复）"索引，而复合主键要用手工建立。

3.4　建立表之间的关联关系

数据库中存储数据不是孤立的，很多数据之间是有联系的，它们代表着现实世界中实体间的相互关系。关系数据库中的各个"表"代表着不同的实体，那么如何来反映表之间的联系呢？关系数据库 Access 2003 提供了表关联功能来方便地实现有关表之间关系的建立。

3.4.1　建立表间关系的优越性

可以建立表间关系是关系数据库的一大特点，可以简单、真实地反映客观事物之间的联系。

1. 减少数据冗余

有时候如果把数据只放在一个表中，会造成该表中有大量重复的字段数据。此时可以把此类数据另建一个表，然后通过建立两表之间的关系来访问，这样如果原来表中要重复存储的 1 000个数据，现在只要存储一次。比如教师表中有个"专业介绍"数据，如果全部存在教师表中，这样 n 个相同专业背景的教师就要重复在教师表中存放 n 次"专业介绍"数据（"专业介绍"中可能会有专业名称、专业编号、负责人、规模等数据要存储），造成大量数据冗余。此时可以另外创建一个"专业介绍表"，所有"专业"信息只要存储一次，然后在"教师"表中设置一个关联指针，用于引用"专业介绍"表中的某一条对应的专业介绍记录，即解决了数据冗余，前提是预先在"教师"表和"专业介绍"表两个表之间建立关联。

2. 保持参照完整性

这是为了使关系数据库里相关表中的数据同步且避免互相冲突。可以在"教师"表和"专业介绍"表建立关系的前提下,设置这两个表之间的参照完整性,这样可以保证两个表中的信息互相匹配。"教师"表中每个教师的专业必须与"专业介绍"表中特定的一个专业介绍记录相关联(比如李杰教师是计算机科学与技术专业的)。如果数据库中没有某个专业的具体信息介绍,那么参照完整性就会拒绝在"教师"表中添加该专业背景的教师记录。而两个表要建立关联,它们之间要有关联的字段才行,比如"学生"表和"成绩"表之间要通过两者都有的"学号"字段才能建立关系。

以下是 3 种表之间对应关系字段通常采用的关联方法。

(1)创建一对一关系,相关联的字段在两个表中都是主键或唯一索引。

(2)创建一对多关系,相关联的字段在一个表中是主键或唯一索引,在另一个表中是外键。

(3)多对多关系是另外增加第三个表,变成原来两个表与第三个表的两个一对多的关系,第三个表的主键包含两个字段,在另外两个表中分别是外键。

比如在人事数据库中,教师表和工资表通过将"教师编号"设为主键,就可以把两个表的关联建成一对一关系;另外,将教师表和借书表通过"教师编号"字段建立关系,把教师表中"教师编号"规定为主键,借书表中"教师编号"为外键,这样教师表是主表,借书表是子表,建立了一对多关系。

3.4.2 表间关联关系的建立方法

对于分别单独建立的数据表在数据库中意义不大,只有按照客观现实中的含义,将有关系的表之间建立关联之后才有实际意义,才能发挥关系数据库的巨大作用。在建立表间关联前,先要给有关表建立主键或索引。关闭所有打开的表,建立关系的两个表通过各自相匹配的字段进行关联,通常是用两个表中同名的字段(列),也可以不同名,但必须有相同的字段类型和相同的"字段大小"属性。注意主键字段为"自动编号"(长整型)时,它可以和长整型的数字类型字段相匹配。

【例 3.11】定义"学生课程管理系统"数据库中教师表、学生表、成绩表、课程表之间的关联关系。

解:

(1)打开"学生课程管理系统"数据库。

(2)单击工具栏上的"关系"按钮,或者选择"工具|关系"菜单命令,此时可以打开"关系"窗口,然后选择工具栏上的"显示表"按钮,打开"显示表"对话框,如图 3.50 所示。

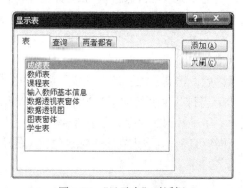

图 3.50 "显示表"对话框

（3）在"显示表"对话框中，单击"学生表"，再单击"添加"按钮。然后用同样的方法将"成绩表"、"教师表"、"课程表"添加到"关系"窗口中，如图3.51所示。

（4）在"关系"窗口中，各表中字段名加粗的字段是其主键或联合主键。选定"课程表"中的"教师编号"字段，按下鼠标左键将其拖动到"教师表"中的"教师编号"字段上，放开鼠标左键，屏幕上显示"编辑关系"对话框，如图3.52所示。

图3.51　"关系"窗口

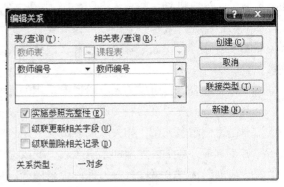

图3.52　"编辑关系"对话框

（5）用同样的方法建立其他表间的关联关系，如图3.53所示。

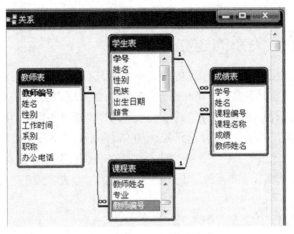

图3.53　部分表间关联关系

（6）单击"关闭"按钮，系统会提示是否保存布局的修改。单击"是"按钮，即保存了刚刚建立的各表间关系，或者先单击"保存"按钮，再单击"关闭"按钮，则直接退出。

3.4.3　子数据表

在两个表建立了关联关系以后，当其中之一是一对多关系中的主表时，系统会在此主表中创建与另一个表有关的子数据表。当打开主表的数据表视图时，可以看到其左边新增了带有"+"的列，这表示它与另外的表建立了子数据表关系，如图3.54所示。

如果单击某行上的"+"按钮可以看到嵌入在主表记录位置上的子数据表内容（相关记录），如图3.55所示。

图 3.54 建立关联后的教师表

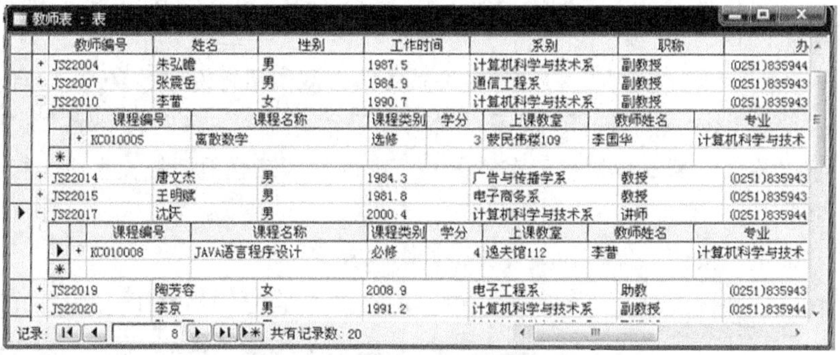

图 3.55 打开子数据表

图 3.55 中单击了李蕾和沈天两个记录中的"+"按钮，此时按钮变为"–"，则该两个记录的子数据表内容嵌入显示在"教师表"中。如果再单击"–"按钮，则又恢复到"+"状态，即子数据表不显示出来。

3.4.4 实施参照完整性

在建立表之间的关联关系时，为了保持以后相关操作时的数据完整性，系统提供了参照完整性功能选项来保证数据库中建立关联的表间关系的有效性，可以防止不合理地更改或删除有关记录的数据。选择参照完整性就是对相关联的数据表之间建立一组规则，当用户对数据表中的记录进行操作时，保证相关各表中数据的完整性，主要涉及以下 3 个方面。

（1）如果修改主表中的数据导致了关联子表中出现无法对应的孤立记录时，提示不允许改变主表的该数据。

（2）如果主表中的记录在关联子表中有匹配记录，则主表中该记录不可删除。

（3）当主表中没有相应记录时，相关联子表中不可添加相关记录。

如果要设置完整性规则，可以在创建或编辑表间关系时，在"编辑关系"对话框中选择"实施参照完整性"复选框（见图 3.52），如果之后的操作破坏了规则，系统会拒绝相应操作，并给出提示。

在"编辑关系"对话框中也可以不勾选"实施参照完整性"，此时表示关联关系不会限制及检查完整性问题。

如果勾选了"实施参照完整性"复选框，可以再同时使用"级联更新相关字段"和"级联删除相关记录"两个复选框。当选择"级联更新相关字段"有效时，表示以后在更新主表中的主键值时，系统会自动更新相关联表中相关记录的字段值；而当选择"级联删除相关记录"有效时，表示以后在删除主表中记录时，系统会自动删除相关联表的所有相关记录；如果这两个复选框都不选择，则当相关联子表中存在相关记录，主表中该记录就不允许删除。

【例 3.12】 在"学生课程管理系统"数据库中，将"学生表"和"成绩表"两个表中的学号设置为同步更新。

解："学生表"和"成绩表"是一对多关系，可以选择"字段参照完整性"、"级联更新相关字段"和"级联删除相关记录"3 个复选框有效，这样可以实现更改字段和删除记录同步，操作步骤如下。

（1）打开"学生课程管理系统"数据库。

（2）选择工具栏上的"关系"按钮，或选择"工具|关系"菜单命令，此时可以打开如图 3.51 所示的"关系"窗口。

（3）在"学生表"和"成绩表"的一对多关系连线上双击鼠标左键，或选中"学生表"和"成绩表"的一对多关系连线，然后选择"关系|编辑关系"菜单命令。此时会显示"编辑关系"窗口。

（4）在"编辑关系"窗口中勾选"实施参照完整性"、"级联更新相关字段"和"级联删除相关记录"3 个选项。

（5）单击"确定"按钮，保存相关设置，如图 3.56 所示。

（6）分别在同一屏幕上打开"学生表"和"成绩表"，将它们靠近在一起，如图 3.57 所示。

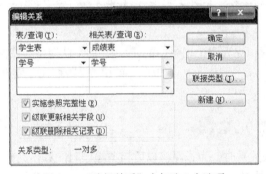

图 3.56 "编辑关系"中勾选 3 个选项

（7）将"学生表"中的第一条记录袁建军的学号 Yc082227012 改为 Yc082227010，再将光标移向下面的记录，此时可以发现在"成绩表"中该记录的学号自动修改为 Yc082227010，如图 3.58 所示。

图 3.57 更改记录袁建军学号之前    图 3.58 更改记录袁建军学号之后

只要在一对多关联关系的主表"一"方更改字段数据，从表"多"方相同的数据也会自动修改，类似地，如果删除相关记录，从表也会联动删除，这是因为在图 3.51 中勾选了 3 个选项，如

果之前没有勾选此 3 个选项，则 2 个表中的数据不会联动变化。

　　最好是在还没有移入记录之前建立各相关表间的关联关系，涉及字段的类型、大小要一致，名称可以不同。

3.4.5　编辑表间关系

　　对于已经创建的表间关系，可以对其重新修改。选择"工具|关系"菜单命令或单击工具栏上的"关系"按钮调出关系画面，如图 3.50 所示。此时可以选择要编辑修改的两个表间的关系连线，然后双击这根关系连线，打开"编辑关系"对话框，就能直接进行修改。

3.4.6　删除表间关系

　　类似于前面的方法，可以对已经建立表间关系的两个表之间的线进行删除，即删除了这两个表间的关系。具体做法是选择相应的关系连线，然后在此连线上单击右键，在出现的快捷菜单中选择"删除"命令，连线消失，即已删除了两个表间的关系。

3.4.7　查阅向导

　　通常表中字段的数据都是由用户直接输入，或从其他数据源导入。查阅向导可以将表中某一字段的数据内容从另一个表的字段中导入。这可以通过表设计器的"查阅向导"功能实现。

　　【例 3.13】 将成绩表中的"课程名"字段的数据内容来源设置为教师表的"系别"字段数据内容。

　　解：本题可利用"查阅向导"功能，使得成绩表中的"课程名"字段数据内容通过下拉列表选择来自于教师表中"系别"字段的数据内容。操作步骤如下。

　　（1）打开相关数据库，选择成绩表，并单击"设计"按钮，得到其设计视图。

　　（2）在其设计视图中选择"课程名"字段，并打开其"数据类型"下拉列表，选择其中"查阅向导"命令，如图 3.59 所示。

　　（3）单击"查阅向导"选项，弹出到"查阅向导"对话框，如图 3.60 所示。

图 3.59　成绩表的查阅向导

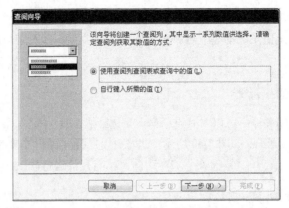

图 3.60 "查阅向导"对话框

此时如果成绩表的"课程名"字段已经和其他表建立过关系(常见是已经使用过"查阅向导"),则系统会显示一个提示用户先删除过去已建关系的对话框,用户应选择"工具|关系"菜单命令,删除已建关系。

(4)选择"使用查询列查阅表或查询中的值",然后单击"下一步"按钮,打开下一对话框,如图 3.61 所示。

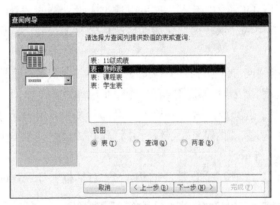

图 3.61 选择教师表

(5)选择图中"表"单选按钮,选择列表框中教师表,单击"下一步"按钮,打开下一对话框,如图 3.62 所示。

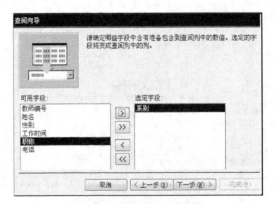

图 3.62 选择"系别"字段

（6）从"可用字段"中选择"系别"字段到"选定字段"区，单击"下一步"按钮，打开下一对话框，如图 3.63 所示。

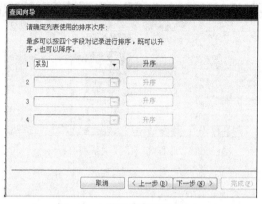

图 3.63　选择按系别升序排序

（7）选择"系别"按系统默认的"升序"排序，单击"下一步"按钮，得到指定查阅列的宽度对话框。此时可以调整宽度，选择是否隐藏键列复选框，如图 3.64 所示。

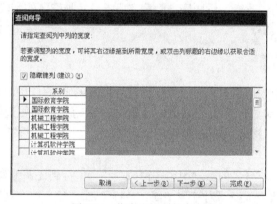

图 3.64　指定查阅列的宽度

（8）单击"下一步"按钮，得到如图 3.65 所示对话框。用"系别"作为标签，单击"完成"按钮，打开提示保存对话框，单击"是"按钮。

图 3.65　指定查阅列标签

（9）打开成绩表，单击"课程名"字段列右边的按钮，显示出下拉列表，其中可选择的数据内容变成教师表中"系别"字段的内容，如图 3.66 所示。

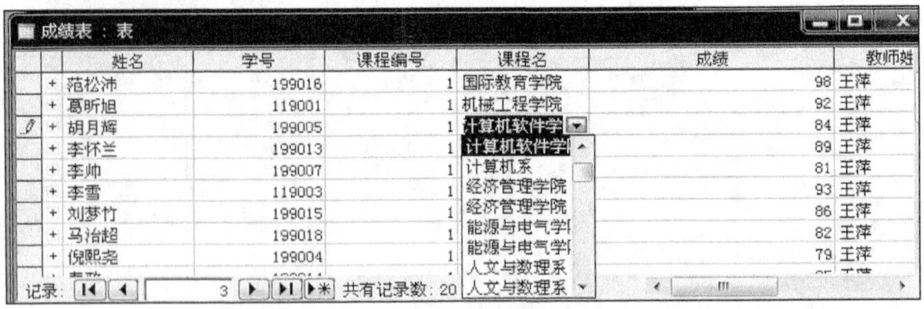

图 3.66 "课程名"字段用系别内容输入

3.5 调整表的外观

为了更清楚、美观地显示表，或为了某种目的，可以从多方面对表的外观进行调整，主要方式有调整列宽、调整行高、改变字段顺序、隐藏字段、显示被隐藏的字段、冻结列、解冻列、设置字体、设置数据表格式等。

3.5.1 调整列宽

当表中某列数据内容太少或太多时，可以调整列宽来美化，有以下两种方法。

（1）直接用鼠标拖动。打开表的数据内容窗口，移动光标到要调整列宽的列名边线，当指针变成双箭头状态后，按住鼠标左键往左或右拖动，当调整到合适的宽度时，松开鼠标左键即可。

（2）精确设定列宽。打开表的数据内容表窗口，移动鼠标到要调整列宽的列名上单击鼠标右键，出现快捷菜单后，从中选择"列宽"。出现"列宽"窗口后，在"列宽"栏输入列宽的大小，然后单击"确定"按钮。

【例 3.14】 将教师表中的"教师编号"字段宽度调整为 9。

解：

（1）打开教师表中的数据内容窗口，将光标移至"教师编号"列名上，单击鼠标右键，选定该列变黑，如图 3.67 所示。

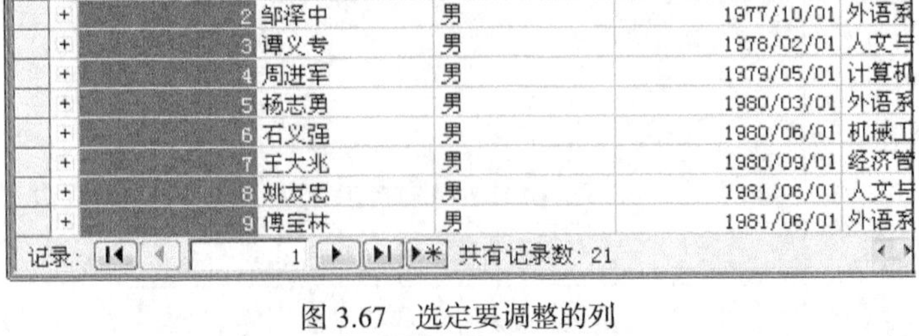

图 3.67 选定要调整的列

（2）在出现的快捷菜单中选择"列宽"命令，并在列宽窗口中输入要调整的大小 9，如图 3.68 所示。

（3）单击"确定"按钮，"教师编号"列的宽度变为 9，如图 3.69 所示。

图 3.68 输入列表宽度   图 3.69 调整"教师编号"列宽度后的教师表

3.5.2 调整行高

当表中字体太大或太小时，可以调整行高来美化，类似调整列宽，有如下两种方法。

（1）直接用鼠标拖动。在打开的数据表中将光标移动到要调整行高的行边线，当指针变成双箭头状态后按住鼠标左键往上或往下拖动，当调整到合适的高度时，松开鼠标左键即可。

（2）精确设定行高。打开表的数据内容表窗口，然后移动光标到行选择格上，单击鼠标右键，出现快捷菜单后，从中选择"行高"，出现"行高"窗口后，在"行高"栏中输入行高的大小，再单击"确定"按钮。

（1）如果在"列宽"窗口中选择"最佳匹配"按钮，则会根据该表中数据字体的大小，自动调整到正好可以显示完整内容的列宽。

（2）若勾选标准行高、列宽，则会调整为默认的行高与列宽。

（3）对于调整列宽，只有被选取列的宽度会改变；而当调整行高时，所有的行高都会跟着统一调整。

3.5.3 改变字段顺序

在默认情况下，显示数据表时的字段顺序与它们在表或查询中出现的顺序相同。而在使用数据表视图时，可以改变字段的顺序，以满足不同的查看需求，具体操作是先用鼠标选中想要移动的列名，然后拖动该列到它在表中新的列位置。

移动数据表视图中的字段，不会改变设计视图中字段的排列顺序，而是仅改变它们在数据表视图下的显示顺序，即没有改变当初创建表结构时规定的顺序。

3.5.4 隐藏字段

当某些字段的数据不想被其他人看到，或在表的字段很多时，有的字段不需要输入数据，则可以将一些字段隐藏起来。

【例 3.15】 将成绩表的姓名、学号列隐藏。

解：利用隐藏字段功能，操作步骤如下。

（1）打开"成绩表"的数据表视图。

（2）单击"姓名"字段选定器，同时按住鼠标左键，拖动光标到"学号"字段后松开，此时"姓名"、"学号"两个字段底色变黑，表示被选中，如图3.70所示。

图 3.70　选定要隐藏的列

（3）选择"格式|隐藏列"菜单命令，此时"姓名"和"学号"列被隐藏，如图3.71所示。

图 3.71　姓名与学号列被隐藏

另外还可以直接拖动鼠标，用调整列宽的方法，将列宽调整到0，从而隐藏字段。

3.5.5　取消隐藏字段

可以将隐藏过的列重新显示出来，操作步骤如下。

（1）在数据库窗口中选择表对象，打开相关表，比如双击例3.15中已被隐藏列的"成绩表"。

（2）在菜单栏中选择"格式|取消隐藏列"菜单命令，出现"取消隐藏列"对话框，如图3.72所示。

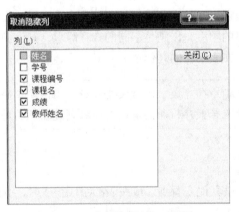

图 3.72　"取消隐藏列"对话框

（3）此时的对话框窗口中会出现数据表窗口中所有字段的名字。每个字段前有个"列"复选框，如果已经打勾者，表示正常显示，如果前面没有打勾，表示已被隐藏的字段，只要用鼠标左键勾选一下，就取消了隐藏的该列，成为正常显示了，单击“关闭”对话框。此时图 3.70 所示的成绩表又恢复到原来所有的字段都可显示的状态。

3.5.6 冻结列

冻结列是指将字段固定在数据表的最左边。当数据表的字段左右滚动时，该字段固定不动在最左边。当字段很多时，一屏显示不下所有字段，只能将表水平方向滚动，比如当滚动查看到位于很靠右面的字段时，左边的姓名段已经滚动过去，看不到是哪个姓名对应的字段数据了。此时可以将姓名字段冻结起来。

【例 3.16】 冻结学生表中的“姓名”字段。

解：可以使用冻结“姓名”列命令，操作步骤如下。

（1）打开“学生表”的数据表视图。

（2）单击“姓名”字段选定器，“姓名”字段底色变黑，如图 3.73 所示。

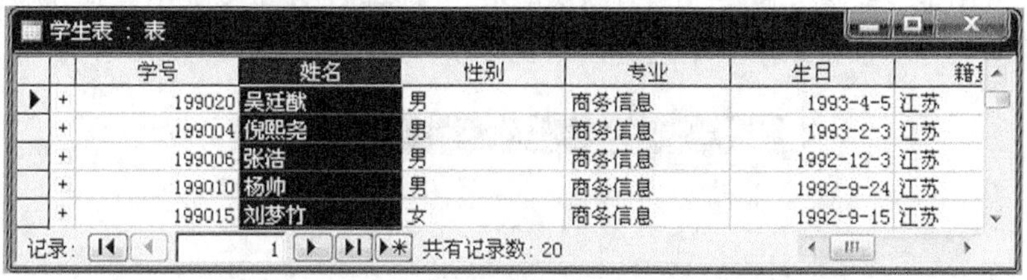
学生表 : 表

学号	姓名	性别	专业	生日	籍贯
199020	吴廷猷	男	商务信息	1993-4-5	江苏
199004	倪熙尧	男	商务信息	1993-2-3	江苏
199006	张洁	男	商务信息	1992-12-3	江苏
199010	杨帅	男	商务信息	1992-9-24	江苏
199015	刘梦竹	女	商务信息	1992-9-15	江苏

记录: 1 共有记录数: 20

图 3.73 选择要冻结的“姓名”字段

（3）选择菜单栏“格式”菜单中的“冻结列”命令。

（4）在“学生表”中移动水平滚动条，如图 3.74 所示。可以看到“学号”、“性别”字段已经被移动过去看不见了，而被冻结的“姓名”字段一直固定显示在最左边。

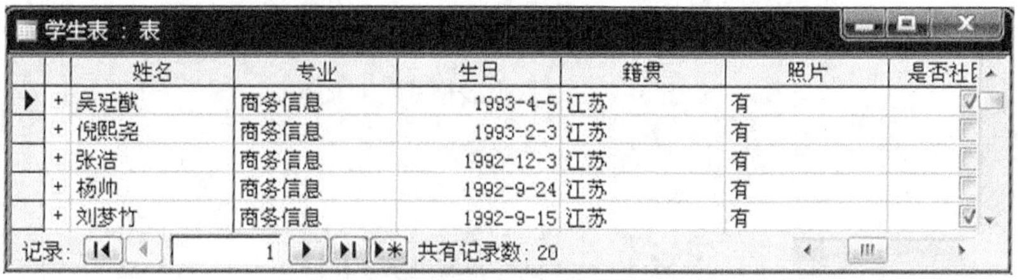
学生表 : 表

姓名	专业	生日	籍贯	照片	是否社团
吴廷猷	商务信息	1993-4-5	江苏	有	☑
倪熙尧	商务信息	1993-2-3	江苏	有	☐
张洁	商务信息	1992-12-3	江苏	有	☐
杨帅	商务信息	1992-9-24	江苏	有	☐
刘梦竹	商务信息	1992-9-15	江苏	有	☑

记录: 1 共有记录数: 20

图 3.74 冻结“姓名”字段后

3.5.7 解冻列

可以对已经冻结的列进行恢复，即用解冻列命令。对打开的数据表用鼠标从菜单栏的“格式”菜单中选择“取消对所有列的冻结”命令。解冻后，滚动字段时所有字段都依次进行滚动了。

3.5.8 设置字体

可以对数据表的字体、大小、颜色等进行设置，操作方法是在菜单栏中“格式”菜单里选择“字体”命令，会出现如图 3.75 所示的“字体”对话框。可以在字体、字形、字号、颜色列表中选择想要的内容，选好后单击“确定”按钮。

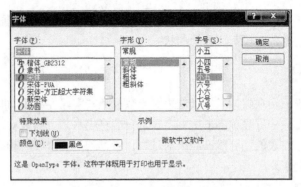

图 3.75 "字体"对话框

3.5.9　设置数据表格式

在数据表视图里，有单元网格线，有默认显示，可以进一步改变显示方式和颜色等，还可以重新设置背景颜色等。在格式菜单中选择数据表命令，会出现图 3.76 所示的对话框。

图 3.76 "设置数据表格式"对话框

3.6　记录操作

一般只在表中输入记录时，是按照数据到来时的顺序放入表中的，并不刻意规定哪个在前，哪个在后。而数据表中通常有大量数据，为了查询方便，Access 2003 提供了对表中的数据（记录）进行排序、筛选的各种操作。

3.6.1　记录排序

一般在查看数据表中的数据（记录）时，它们是按照主键升序或数据输入表时的顺序（无主键时）排序的。而在实际应用中，会出现不同的要求，比如对于教师表中的数据，一般是教师编号由小到大排列，但如果要查看年龄、姓名或按其他要求排列的教师记录，就要利用系统的记录排序功能。排序是选择表中的一个或几个字段的值，对所有记录按升序或降序重新排列。对于不同数据类型的字段，其排列规则有所不同。

Access 2003 记录排序的一些规则如下。

（1）英文按字母顺序排序，大小写没有区分。升序时按 A 到 Z 排序。

（2）中文按拼音字母的顺序排序，升、降序分别按 A 到 Z 或 Z 到 A 排序。

（3）数字按其大小排序。

（4）日期和时间字段，按照升序时从前到后，降序时从后到前的顺序排序。

在 Access 2003 中进行记录排序时，要注意下列情况。

（1）当按升序排列字段时，如果字段值为空值，会将包含空值的记录排在前面。

（2）排序后的排序次序将和表、查询或窗体一起保存。如果用这样的对象产生新窗体或报表，则这些新窗体或报表会继承对象的排序次序。

（3）如果在安装 Access 2003 时选择的语言是"中文"，则默认按"中文"顺序排列数据，也可以在创建数据库时在"选项"对话框中进行语言设置。

（4）数据类型为"OLE"、"备注"和"超链接"对象的字段不能排序。

（5）数据类型为"文本"的字段中如果含有数字，将被视为字符串而非数值来排序。也就是说此时的数字是按其 ASCⅡ 码的大小来排序的。比如要以升序来排序下列文本字符串"5"、"7"、"19"，结果是"19"、"5"、"7"；如果在相关字符串前加零，使得字符串一样长，此时的升序结果为"05"、"07"、"19"。

排序的操作过程是在打开数据表视图后，选定要排序的字段，在鼠标右键快捷键菜单中选择"升序"或"降序"命令，或在菜单栏选择"记录|排序|升序排序或降序排序"命令，则记录会按指定字段规定的顺序排列。

【例 3.17】　在教师表中按"姓名"字段升序排序。

解：

（1）打开教师表的数据视图。

（2）把光标指向"姓名"字段列的任意一个单元格内，或用字段选定"姓名"列底色变黑。

（3）选择"记录|排序|升序排列"菜单命令，或单击工具栏上的升序按钮，或用快捷菜单中的升序命令，得到如图 3.77 所示的排序结果。

图 3.77　按"姓名"字段排序后的教师表

（4）选择"保存"命令，直接关闭退出，系统会提示是否保存修改结果。

Access 2003 还提供了按次序选择多个字段升序或降序排序的功能。

3.6.2　筛选记录

实际使用数据表时，往往只需要挑选表中部分满足特定条件的数据进行查看或处理，并且暂时不用显示的数据也不删除。此时则可以利用筛选记录操作在数据表中为一个或多个字段指定条件，只有符合条件的记录被筛选出来显示。Access 2003 有 4 种筛选方法。

1. 按选定内容筛选

这是一种最简单的方法，可以利用"按选定内容筛选"命令。

【例 3.18】 在教师表中筛选出性别为"女"的所有记录。

解：

（1）打开教师表数据内容视图。

（2）将光标移动到教师表"性别"字段中某一为"女"的单元格中，在鼠标右键快捷菜单中选择"按选定内容筛选"命令，或单击工具栏的"按选定内容筛选"按钮，或选择"记录|筛选|按选定内容筛选"菜单命令，则会显示出所有性别为"女"的教师记录，如图 3.78 所示。

图 3.78 按选定内容筛选结果

当关闭表时，系统会询问是否保存。如果选择保存，可以在下次打开表时，继续使用该筛选结果，操作方法是选择"记录|筛选|按选定内容筛选"菜单命令，即会显示上次保存的筛选；如果要重新恢复原表中的所有记录，可以用取消筛选，具体操作为"记录|取消筛选/排序"菜单命令即可；另外有一排除筛选命令，意为排除满足条件的记录，只显示不满足条件的记录。

2. 按窗体筛选

这是一种快速方法，不需要浏览整个表的记录就可以同时对多个字段的值设置筛选。窗体筛选将数据表变成一个只包含单个空白记录的数据表，其中每个字段都有一个可以下拉列表，可以从每个下拉列表中选取一个值作为筛选的条件。如果同时选多个条件，这些条件之间可以选定是"与"关系还是"或"关系。该操作可以通过选择工具栏中的"按窗体筛选"命令实现。

【例 3.19】 在教师表中筛选系别是外语系的男性教师。

解：

（1）打开教师表数据内容视图。

（2）选择"记录筛选|按窗体筛选"菜单命令，或单击工具栏上的"按窗体筛选"按钮，打开"按窗体筛选"窗口，如图 3.79 所示。

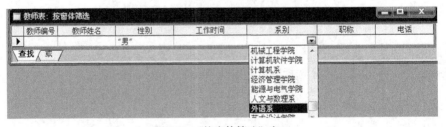

图 3.79 "按窗体筛选"窗口

（3）选择左下角的"查找"标签，单击"性别"字段，再单击其右侧向下箭头，从下拉列表中选择"男"。

（4）再单击"系别"字段，从下拉列表中选择"外语系"。

（5）选择"筛选|应用筛选/排序"菜单命令，或单击工具栏上的"应用筛选"按钮，此时会显示出外语系男性教师的所有记录，如图 3.80 所示。

		教师编号	教师姓名	性别	工作时间	系别	职称	电话
▶	+	4	邹泽中	男	1977/10/01	外语系	教授	18527783467
	+	5	杨志勇	男	1980/03/01	外语系	教授	无
	+	9	傅宝林	男	1981/06/01	外语系	教授	18537237634
	+	20	苏德江	男	1989/06/01	外语系	教授	18251935261

记录: ⏮ ◀ 1 ▶ ⏭ ▶* 共有记录数: 4（已筛选的）

图 3.80 "按窗体筛选"结果

在图 3.78 窗口底部有"查找"和"或"2 个标签。选择在"查找"标签下输入的各个条件之间是"与"操作关系，表示各条件必须同时满足；而选择在"或"标签下输入的各个条件之间是"或"操作关系，表示只要满足其中之一。

3．按筛选目标筛选

这是通过在"筛选目标"框中输入筛选条件来查找指定值或表达式的所有记录。

【例 3.20】 在成绩表中按筛选目标找出成绩大于 80 分的记录。

解：

（1）打开成绩表数据内容视图。

（2）将光标移入"成绩"字段列的任一单元格，然后单击鼠标右键，弹出快捷菜单。

（3）在快捷菜单的"筛选目标"框中输入">80"，如图 3.81 所示。

（4）紧接着按 Enter 键，可得到如图 3.82 所示的结果。

图 3.81 在"筛选目标"中输入条件

		姓名	学号	课程编号	课程名	成绩	教师
▶	+	葛昕旭	119001	1	机械工程学院	82	王萍
	+	张志平	119002	1		85	王萍
	+	李雪	119003	1		93	王萍
	+	胡月辉	199005	1	计算机软件学院	84	王萍
	+	张浩	199006	1		89	王萍
	+	李帅	199007	1		81	王萍
	+	张德恺	199008	1		84	王萍
	+	苏美兰	100011	1		94	王萍
	+	李怀兰	199013	1		89	王萍
	+	秦政	199014	1		85	王萍
	+	刘梦竹	199015	1		86	王萍
	+	范松沛	199016	1	国际教育学院	98	王萍
	+	史志伟	199017	1		89	王萍

记录: ⏮ ◀ 1 ▶ ⏭ ▶* 共有记录数: 16（已筛选的）

图 3.82 按"筛选目标"所得结果

4．高级筛选

高级筛选可以组合出复杂的筛选条件，还可以对筛选的结果进行排序。

【例 3.21】 在教师表中查找参加工作时间在 1979～1981 年之间的职称为教授的教师，并按姓名升序排序。

解：该题涉及多个字段的组合筛选，同时还要排序，操作步骤如下。

（1）打开教师表的数据表内容视图。

（2）选择“记录|筛选|高级筛选/排序”菜单命令，会出现筛选窗口。

（3）单击下半区设计网格中第 1 列字段行右边的向下箭头按钮，从弹出的下拉列表中选择“工作时间”字段，在条件输入区中输入筛选条件“Between#1979-1-1#And#1981-12-31#”。

（4）在第 2 列字段行的右边下拉列表中选择“职称”字段，条件输入区中输入条件为“教授”。

（5）在第 3 列字段行的右边下拉列表中选择“姓名”字段，在排序行的下拉列表中选择“升序”，得到如图 3.83 所示结果。

教师表筛选1 : 筛选
教师表
*
教师编号
姓名
性别
工作时间
字段: 工作时间 职称 姓名
排序: 升序
条件: Between #1979-1-1# And #1981-12-31# "教授"
或:

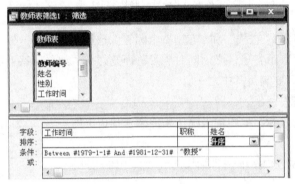

图 3.83　设置筛选条件和排序

（6）单击工具栏上的“应用筛选”按钮或选择菜单栏中的“应用筛选”命令，可以得到如图 3.84 所示结果。

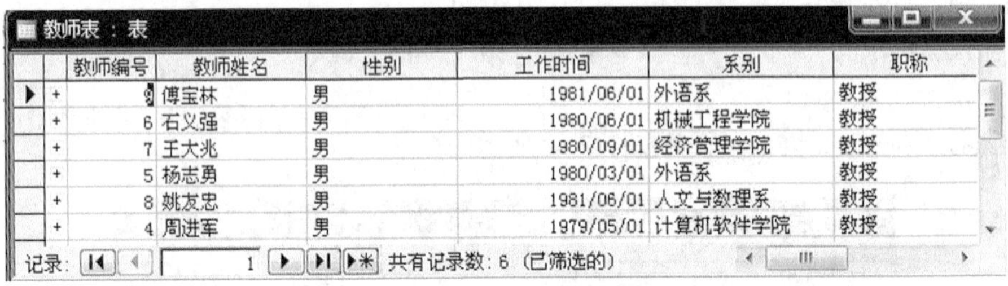

教师表 : 表
教师编号 教师姓名 性别 工作时间 系别 职称
9 傅宝林 男 1981/06/01 外语系 教授
6 石义强 男 1980/06/01 机械工程学院 教授
7 王大兆 男 1980/09/01 经济管理学院 教授
5 杨志勇 男 1980/03/01 外语系 教授
8 姚友忠 男 1981/06/01 人文与数理系 教授
4 周进军 男 1979/05/01 计算机软件学院 教授
记录: 1 共有记录数: 6 (已筛选的)

图 3.84　筛选结果

本章小结

本章对 Access 2003 中的数据表进行了全面、细致的介绍。数据表是数据库接收、处理、完善数据的最重要的对象，是建立数据库和应用程序的基础。主要内容如下。

1. 表的组成。Access 2003 是关系数据库，数据表是一种简单二维表，对应关系模式。表中有若干列或称为字段，由其确定表的结构，先定义好结构后再输入称为记录的具体数据。

2．表的创建，有设计视图法、表向导法和数据表视图法 3 种创建方法，一般是先创建表的结构，然后输入相应数据，通常用直接输入数据和导入外部数据 2 种方法向表中输入数据。

3．数据类型。表中的字段都要规定数据类型。Access 2003 提供了文本、备注、数字、日期/时间、货币、自动编号、是/否、超级链接、OLE 对象、查询向导和附件 11 种数据类型。

4．Access 2003 可以利用导入、导出数据功能与其他数据库或软件系统交换数据。

5．一般表要建立主键，其值不能为空，也不能有重复。

6．常用的字段属性有限制"字段大小"、"字段输出标题设置"、"设置系统提供的标准输入、输出格式"、"设置默认值"、"设置输入掩码"、"有效性规则和有效性文本"、"索引"。

7．数据库中的相关表之间要建立关联关系。系统支持 2 个表间的一对一关系和一对多关系，对于多对多关系是增加第 3 个表，与 2 个表分别建立一对多关系。

8．2 个表建立关系时双方对应的字段类型要匹配。

9．系统提供参照完整性功能选项来保证数据库中建立关联的表间关系的有效性。

10．利用查阅向导功能可以将表中某一字段的内容从另一个表的字段中导入过来。

11．可以通过调整列宽、行高、改变字段次序、隐藏字段、冻结列、解冻列、设置字段、设置数据表格式来调整表的外观。

12．针对记录的操作有记录排序、筛选记录。

习　题

一、概念与问答题

1．如何在 Access 2003 中建立数据表？

2．如何在 Access 2003 数据表中插入记录？

3．Access 2003 允许导入的数据源有哪些？

4．简述创建表的 3 种方法，比较 3 种方法的优缺点。

5．数据表中字段的数据类型有哪几种？

6．为什么要冻结列，如何冻结列，冻结列和隐藏列有什么不同？

7．怎样输入备注字段数据？

8．用什么方法可以显示子数据表的数据？

9．Access 2003 提供的筛选记录的方法有哪几种？

10．数据表的设计视图和数据表视图各自的作用是什么？

11．对于记录的筛选与排序有何不同？

12．OLE 对象型字段用于输入什么数据，怎样输入？

13．有哪些调整表的外观的设置？

14．什么是有效性规则，什么是有效性文本，它们之间是什么关系？

15．举例说明 Access 2003 数据库中如何建立表间关系。

二、是非判断题

1．复制表可以生成一样字段结构和数据内容的表，但也可以设定只复制表的结构。（　　）

2．可以通过命令调整字段的顺序。（　　）

3．增加一条记录数据时，会将新的记录排在原有记录的后面，无法从中间插入新的记录

数据。（　　　）

4. 建立索引字段可以提高数据检索的效率。（　　　）

5. 设置冻结字段后，当数据表的字段左右滚动时，相应字段固定不动在最右边。（　　　）

6. 升序排序是指数据由大到小排序，而降序排序是指数据由小到大排列。（　　　）

7. 输入数据记录时，自动编号是自动产生的。（　　　）

8. 数据表的单元格效果，只有在设定为凸起或凹陷时，才能设定网格线显示、背景色彩等。（　　　）

9. 设为主键字段的数据，必须是唯一的、不可以重复的数据。（　　　）

10. 当字段暂时不需要输入数据时，可以将字段隐藏起来。（　　　）

11. 数据表中所有字段的内容都不能为空。（　　　）

12. 在数据库设计阶段就应该考虑相关表间的关联。（　　　）

13. 数据表中有的字段可以没有数据类型。（　　　）

14. 一张照片可以是表中某字段的数据内容。（　　　）

15. 表的结构一旦确定后就不可以重新修改了。（　　　）

16. Access 2003 可以和其他数据库或软件系统进行数据交换。（　　　）

17. 任何 Access 2003 可以识别的字符都可以用于为字段命名。（　　　）

18. 对字段设置标准输入、输出格式，并不影响数据内容。（　　　）

19. "格式"属性是定义数据的输入方式。（　　　）

20. 设置参照完整性是为了同一个表中数据的完整性。（　　　）

三、选择题

1. 对于空值（Null）的叙述，正确的是_____。
   （A）空值等同于长度为零的字符串　　（B）空值表示还没有确定的值
   （C）空值等同于数值零　　（D）以上都不对

2. 参照完整性的作用是控制_____。
   （A）字段数据的唯一性　　（B）相关表之间的数据完整性
   （C）表中数据的完整性　　（D）记录中相关字段间的数据有效性

3. 在创建数据表之间的一对多关系时，以下说法正确的是_____。
   （A）父表必须建立主键，子表不可以建立主键
   （B）父表必须建立主键，子表的对应字段不可以建立主键
   （C）父表和子表都必须建立主键
   （D）父表可以不建立主键，子表必须建立主键

4. 如果主表中没有相关记录就不能将记录添加到相关表中，则应该在表关系中设置_____。
   （A）参照完整性　　（B）级联更新相关字段
   （C）输入掩码　　（D）有效性规则

5. 不能索引的数据类型是_____。
   （A）日期　　（B）文本
   （C）备注　　（D）数值

6. 要为 6 位数字组成的邮政编码设置输入掩码，正确的是_____。
   （A）LLLLLL　　（B）000000

（C）999999　　　　　　　　　　　　（D）CCCCCC

7. 利用 Access 2003 中记录的排序规则，对下列文字字符串 6，8，13，30 进行升序排序的
先后顺序应该是_____。

（A）8,6,30,13　　　　　　　　　　（B）30,13,8,6

（C）13,30,6,8　　　　　　　　　　（D）6,8,13,30

8. 以下有关主键的说法错误的是_____。

（A）在一个数据表中可以建立一个或者多个主键

（B）主键字段的值不能为空值

（C）主键的数据类型可以是自动编号类型

（D）主键字段的值不能有重复值

9. 以下有关文本类型的说法，不正确的是_____。

（A）文本类型数据的对象为文本或者文本与数字的结合

（B）文本类型数据在 Access 2003 中默认字段大小是 50 个字符

（C）如果把文本类型的字段改为备注类型时，字段原来内容全部丢失

（D）文本类型数据最多可保存 255 字符

10. 以下哪个不是 Access 2003 的数据类型_____。

（A）备注　　　　　　　　　　　　（B）货币

（C）日期/时间　　　　　　　　　　（D）文字

11. 以下哪个可以描述输入掩码 "&" 的含义_____。

（A）可选择输入字母或数字

（B）必须输入字母或数字

（C）必须输入任何的字符或一个空格

（D）可选择输入任何的字符或一个空格

12. 参照完整性定义的是_____。

（A）表间规则　　　　　　　　　　（B）字段级规则

（C）记录级规则　　　　　　　　　（D）以上都不对

13. 字段的特殊属性不包括_____。

（A）字段掩码　　　　　　　　　　（B）字段名

（C）字段的有效规则　　　　　　　（D）字段默认值

14. 在 Access 2003 中对以下文字降序排序后的顺序为_____。

（A）数据库、等级、aCCESS、ACCESS

（B）aCCESS、ACCESS、等级、数据库

（C）数据库、等级、ACCESS、Access

（D）ACCESS、aCCESS、等级、数据库

15. "有效性规则" 本身的形式为_____。

（A）函数　　　　　　　　　　　　（B）逻辑表达式

（C）控制符　　　　　　　　　　　（D）特殊字符串

16. 使用 "查找和替换" 对话框可以查找到满足条件的记录。要查找当前字段中所有第一个
字符为 "g"、最后一个字符为 "v" 的数据，下列选项中正确使用通配符的是_____。

（A）g?v　　　　　　　　　　　　（B）g[abc]v

（C）g#v　　　　　　　　　　（D）g*v

17. 在数据表中，应将照片保存在_____类型的字段。
（A）OLE 对象　　　　　　　（B）图像
（C）备注　　　　　　　　　（D）通用

18. 表的"列"的数据库术语是_____。
（A）记录　　　　　　　　　（B）字段
（C）数据项　　　　　　　　（D）元组

19. 以下不正确的字段类型是_____。
（A）长整型　　　　　　　　（B）主键型
（C）双精度型　　　　　　　（D）文本型

20. 以下有关 Access 2003 表的叙述中，错误的是_____。
（A）可在表的设计视图"说明"列中，对字段进行具体的说明
（B）当创建表之间的关系时，应关闭所有打开的表
（C）可以对表中的备注型字段进行"格式"属性设置
（D）当删除表中含有自动编号型字段的一条记录后，系统不会对表中自动编号型字段重新编号

21. 如果在显示数据表中的内容时，要使某些字段固定在显示位置不移动，可以使用的方法是_____。
（A）冻结　　　　　　　　　（B）排序
（C）隐藏　　　　　　　　　（D）筛选

22. 如果要在输入某日期/时间型字段值时，自动插入当前系统日期，应在该字段的默认值属性框中输入_____。
（A）Time()　　　　　　　　（B）Time[]
（C）Date()　　　　　　　　（D）Date[]

23. 如果希望输入数据的格式标准保持一致，或希望检查输入时的错误，可以_____。
（A）设置默认值　　　　　　（B）定义有效性规则
（C）设置输入掩码　　　　　（D）控制字段大小

24. 以下输入掩码的叙述中，不正确的是_____。
（A）直接使用字符定义输入掩码时，可以根据需要将字符组合起来
（B）输入掩码中的字段"0"表示可以选择输入数字 0～9 的一个数
（C）定义字段的输入掩码，是为了设置密码
（D）在定义字段的输入掩码时，既可以使用输入掩码向导，也可以直接使用字符

25. 以下正确的字段名称是_____。
（A）Student_ID　　　　　　（B）Student!ID
（C）Student[ID]　　　　　　（D）Student..ID

26. 默认值设置是通过_____操作来简化数据输入。
（A）消除了重复输入数据的必要
（B）清除用户输入数据的所有字段
（C）用指定的值填充字段
（D）用与前一个字段相同的值填充字段

27. Access 2003 中数据库和表的关系是_____。

　　（A）一个数据库只能包含一个表　　　　（B）一个表可以包含多个数据库

　　（C）一个数据库可以包含多个表　　　　（D）一个表只能包含一个数据库

28. 数据表中的"行"又可以称为_____。

　　（A）记录　　　　　　　　　　　　　　（B）字段

　　（C）数据视图　　　　　　　　　　　　（D）数据

29. 表示必须输入任何一个字符或者空格的输入掩码是_____。

　　（A）C　　　　　　　　　　　　　　　（B）&

　　（C）0　　　　　　　　　　　　　　　（D）#

30. Access 2003 表中字段的数据类型不包括_____。

　　（A）日期/时间　　　　　　　　　　　　（B）文本

　　（C）备注　　　　　　　　　　　　　　（D）通用

四、填空题

1. 文本类型字段的长度最多为_____字符，默认的长度是_____字符。

2. 在数据表视图中查看或修改记录数据时，一般可以通过数据表底部的_____来定位记录，也可以通过特定的_____来定位记录。

3. _____是指将字段固定在数据表的最左边，当其他字段滚动时该字段固定不动。

4. 设置记录级有效性检查规则是为了检查_____之间的逻辑关系。

5. 如果要把其他应用软件中的数据文件转换成 Access 2003 形式的表保存到数据库中，应选择"文件"菜单下_____子菜单中的_____命令，在相关对话框中进行操作。

6. _____是指所有字段中用于区别不同数据记录的依据，且字段中的数据必须具有唯一性。

7. 2 个字段如果要按不同的次序排序，或者按 2 个不相邻的字段排序，需使用_____窗口。

8. Access 2003 提供了 3 种不同的排序操作，即_____排序、_____排序和_____排序。

9. Access 2003 中数字数据类型在设定字段大小时，可分为_____、_____、_____、_____、_____、_____、和_____。

10. Access 2003 的每个表通常包括一个主键，用于唯一地标识表中的每条记录。作为主键的字段不允许输入_____，也不允许输入_____。

11. 数据表在数据表视图中显示的字段顺序，是按照在_____所设置的顺序排列的。

12. 假设目前记录已经自动编号到第 15 号，若用户删除了第 8 号的记录，则新增记录时，会自动编号为第_____号。

13. 当设置参照完整性后，主表中如果没有相应的记录时，相关联的子表中不得_____；如果主表中的记录在关联表中有相关记录，则主表中的这个记录_____。

14. Access 2003 提供了 4 种筛选方式，分别是_____筛选、_____筛选、_____筛选和_____筛选。

15. Access 2003 中日期/时间类型的字段长度固定为_____字节。

16. 按照字段值的大小排序时，文本类型的数据通常按其_____大小排列；日期/时间类型的数据也可以按其大小排列，日期/时间_____为小，日期/时间_____为大。

17. 如果 2 个表中相关联的字段都是主键或唯一索引,将创建_____关系;如果相关联的字段在其中 1 个表中是主键或唯一索引,将创建_____关系。

18. 设置_____规则是为了保证数据库中相关表之间数据的一致性。

19. 某学校教师的编号由 10 位数字组成,其中不能包含空格,则教师编号字段正确的输入掩码是_____。

20. 关系数据库中表是最基本的_____之一,也是数据库中其他对象的_____和操作基础。

21. 利用_____属性可以减少输入数据时的工作量。

22. Access 2003 提供了_____和_____两种字段数据类型保存文本或文本和数字组合的数据。

23. Access 2003 字段的数据类型有_____、_____、_____、_____、_____、_____、_____、_____、_____和_____。

24. 如果要建立表间的关联关系,就必须给表中的某字段建立_____。

25. 关系数据库中表的组成包括_____和_____。

26. 数据类型为"是/否"的字段实际保存的数据是_____或_____,_____表示"是",_____表示"否"。

27. 在对数据表进行操作时是把_____与表的内容分开进行操作的。

28. 备注类型字段可以存放_____字符。

29. 如果要建立两个数据表之间的关系,必须通过两表的_____来创建。

30. Access 2003 中自动编号类型的字段长度通常为_____字节。

第4章
设计查询

关系数据库中的表在作为主要数据源的同时,还可以对已经输入库中的表进行诸如查找数据、修改数据、排序、筛选等操作。但这还不能满足人们对数据处理的需求。Access 2003 提供的查询功能是进行数据检索、分析、处理的强有力的工具,它可以把一个或多个表中的数据部分地提取出来,进行浏览、分析、统计和使用,还可以生成新的数据表作为其他数据库对象的数据源。本章将介绍查询的使用和基本操作。

4.1 概 述

查询是 Access 2003 中的一种对象,是按照一定的条件从已有数据库表或已经建立的查询中检索并分析处理数据。直观地说查询是从已经存在的一张或多张表或其他数据源中取出一些行和列,组成一个新的查询数据表以供查看或分析处理。它可满足对数据库的一般简单的使用。查询不但可以根据提供的条件将数据找出来,更重要的是还提供了分类、汇总、统计等计算功能。查询主要有以下几方面的功能。

（1）选择记录。

（2）选择字段。

（3）编辑、添加和删除记录。

（4）多种计算。

（5）创建新表。

（6）为窗体和报表等提供专门的数据源。

4.1.1 查询的类型

Access 2003 有 5 种不同的查询类型,针对不同的应用目标,各有特色。

1. 选择查询

这是最常用的查询,它可以从一个或多个表中提取数据,还可以对记录分组,对记录进行计数、求平均值及其他类型的计算。

2. 参数查询

参数查询是一种根据用户输入的条件参数去检索相关记录的类型。系统会根据提示对话框中输入的参数找出记录。

3. 交叉表查询

利用交叉表查询可以对表或已有查询中的数据进行重构和计算，更加直观、方便地分析、计算数据。它将某类字段名作为行标题在表左侧排列，将另一类字段名作为列标题置于数据表顶部，而行、列交叉单元格中显示相关计算的结果。该查询用于快速产生数据的交叉分析表。

4. 操作查询

操作查询是根据所给条件找出相关记录进行删除、更新、追加和生成表的操作，可以在一次操作中针对若干记录进行处理。

5. SQL 查询

这是利用结构化查询语言的语句 SQL 创建的查询。在查询的设计视图中创建查询时，Access 2003 系统都会在后台生成等效的 SQL 语句。用户可以在 SQL 视图中查看、编辑和执行系统在后台构造的等效 SQL 语句，也可以直接在 SQL 视图窗口中输入 SQL 语句，创建和运行相应的查询。

4.1.2　查询条件

可以通过在各种类型的查询中设置查询条件来找到相关的数据。系统允许设置复杂的条件来支持强大的查询功能。可以由运算符、常量、字段值、字段名、属性和函数的各种组合形成查询条件。因此要掌握系统提供的各类符号和组成条件的规则。

1. 运算符

Access 2003 可用于构成条件的运算符有关系运算符、逻辑运算符和特殊运算符 3 类。分别见表 4.1～表 4.3。

表 4.1　　　　　　　　　　　　　　　　关系运算符及含义

关系运算符	含　义	关系运算符	含　义
=	等于	< =	小于等于
<	小于	> =	大于等于
>	大于	< >	不等于

表 4.2　　　　　　　　　　　　　　　　逻辑运算符及含义

逻辑运算符	含　义
And	逻辑与，指所连接的表达式条件同时成立
Or	逻辑或，指所连接的表达式一个或多个成立均可
Not	逻辑非，对表达式的逻辑值取反

表 4.3　　　　　　　　　　　　　　　　特殊运算符及含义

特殊运算符	含　义
Is Null	指定一个字段为空值
Is Not Null	指定一个字段为非空值
Like	指定查找字段的匹配模式，后接 "？" 表示可匹配任何一个字符；接 "*" 表示可匹配多个任意字符；接 "#" 可匹配一个数字；接方括号表示可匹配字符的范围
In	指定一个字段值取值的集合，集合中的任何值都可与查询的字段匹配
Between	指定一个字段值的取值范围

2. 函数

Access 2003 提供了算术函数、字符函数、日期/时间函数及统计函数等标准函数供用户直接使用，其他函数及详细功能可以参阅相关资料。以下列出一些常见函数。

Date()：返回系统中当前日期。

Now()：返回系统中当前日期和时间。

Time()：返回系统中当前时间。

Day(日期)：返回给定日期中的第几天。例如：Day(#1989-5-18#)返回 18。

Month(日期)：返回给定日期的月份，值介于 1～12。

Year(日期)；返回给定日期的年份，值介于 100～9999。

Weekday(日期)：返回给定日期的星期几，值介于 1～7。

Hour(日期/时间)：返回给定日期或时间中的小时部分，值介于 0～23。

Sum(字符表达式)：返回表达式值的总和，只能对数值求和，Null 值将被忽略。

AVG(字符表达式)：返回所有值的平均值，只能对数值求平均，Null 值将被忽略。

Count(字符表达式)：返回所有值的个数或记录的条数，忽略其中的 Null 值。

Max(字符表达式)：返回所有值中的最大值。

Min(字符表达式)：返回所有值中的最小值。

Len(字符表达式)：返回字符表达式的字符个数。

Int(数值表达式)：返回表达式值的整数部分，参数为负值时返回小于等于参数值的第一个负数。

3. 各种常见数据类型作为查询条件

（1）数值类型的查询条件。常用数值和运算符作为查询条件。例如数值字段年龄“＜65”，表示查询小于 65 岁的记录；“Between 20 And 60”表示 20 至 60 岁的记录，或者等同表示为“>=20 And <=60”，可以有多种表示形式。

（2）文本类型的查询条件。为了限定查询的文本范围，可以用文本值作为查询条件。例如，查询姓名为朱运或李动的记录，可以表示为：In(“朱运，“李动”)或者“朱运”Or“李动”；查询姓夏的记录可以表示为 like“夏*”。

（3）日期/时间函数作为查询条件。利用处理日期/时间函数的结果作为条件可以限定查询的时间段。例如，从出生日期字段查询 1989 年出生的人：Year([出生日期])=1989。或者用 between#1989-01-01#And#1989-12-31#。对于日期常量要用一对“#”号作为括号。

4. 利用空字符串或空值作为查询条件

空字符串是用一对双引号中间没有空格表示的字符串，而空值是使用 Null 或空白来表示的字段值。例如，查询职称为空值（Null）的记录，查询条件用 Is Null。

在条件中出现字段名时，要用方括号括起来，并且数据类型要与对应字段定义时的类型相匹配。

4.1.3　创建查询的方法

Access 2003 中创建查询的方法主要有以下 3 种。

1. 查询向导创建查询

利用向导的方式一步步地指引用户去建立查询，包括简单查询向导、交叉表查询向导、查找重复项查询向导和查找不匹配查询向导，其特点是操作简单、方便。

2. 设计视图创建查询

利用“新建查询”对话框中的“设计视图”选项，可以设计比查询向导更复杂的查询。使用

"设计视图"不但能够创建查询,而且还能对已存在的查询进行编辑,其特点是功能丰富、灵活方便。这是普通应用数据库中最常见的查询,其创建步骤如下。

(1)在"新建查询"对话框里打开查询"设计视图"。

(2)选择查询所需的表或其他已建查询。

(3)选用查询的类型,常用和默认的是选择查询。

(4)选择查询要涉及的字段或输出表达式。

(5)根据需要设置查询字段的属性。

(6)可以选择一个或多个字段对查询结果进行排序。

(7)设定查询的条件,这是最灵活与复杂的部分。

(8)选择是否要查询分组,以便对不同的分组数据计算出相关的统计数据。

3. 使用 SQL 语言创建查询

对于常见的查询,选择前两种方法即可。而 SQL 语言可以创建各种查询,包括非常复杂的查询,但是需要学习、掌握 SQL 语言。本书仅对简单的 SQL 方法稍做介绍,如果要全面了解、使用 SQL 语言,请参阅相关书籍。

4.1.4 查询涉及的视图种类

Access 2003 系统提供了数据表视图、设计视图、SQL 视图、数据透视表视图和数据透视图。而一般主要使用前两种视图。

1. 数据表视图

数据表视图与第 3 章表内容的显示是一样的,是以行和列的格式显示查询表中的数据内容。在此视图中可以实施对记录的编辑、添加、删除、查找等,也可以进一步对查询排序、筛选、检查、调整行、列单元格的显示设置。

2. 设计视图

利用设计视图对查询表进行详细的设计(有点类似于上一章表结构的设计、修改),可以创建结构功能复杂的查询。查询设计视图由上、下两个半区组成,如图 4.1 所示。

图 4.1 查询设计视图

上半区显示的是当前创建查询要用到的数据表和查询表,是数据源,如果多于一个表,表间要有已建立关系的连线;下半区是设计单元网格,可以对选定要查询的字段设置是否排序、是否显示、"与"条件、"或"条件、计算类型等。

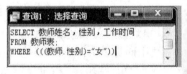

图 4.2 SQL 视图

3. SQL 视图

可以在其中创建、查看、修改查询所对应的 SQL 语句,如图 4.2 所示。

4.1.5　查询与数据表的比较

查询与数据表的共同点是，它们都可以作为数据库中的"数据来源"，都可以将记录以表的形式在屏幕上显示出来。可以把其中的数据记录提供给窗体、报表、数据访问页、别的查询和数据表，因此本书也将查询的结果称为查询表。虽然数据表和查询分属两种对象，但是在同一个数据库中，它们两者不能同名。

两者不同的是，数据表保存数据记录，并且有物理存储，也就是说数据按表的结构存储在数据库中。而查询表不是将相关数据内容保存在数据库中，它只保存怎样取得数据记录的定义和方法，实际上是借助于系统后台提供的 SQL 语句。每次运行查询时，临时去组织、调取相关数据记录，而这些查询结果所得的数据并不另外存储在数据库中。

4.2　选择查询

先根据查询要求设定条件，然后从一个或多个数据表或查询表中得到数据的查询，称做选择查询。可以使用"查询向导"和"设计"视图两种方法来创建选择查询。

4.2.1　使用"查询向导"创建

这是一种比较简单的方法。可以在查询向导的指引下选择表及字段，但不可以设置各种查询条件。有以下 4 种查询向导。

1．简单查询向导

根据向导指引选择表的相关字段，最终形成一个有文件名的查询表。

【例 4.1】　利用简单查询向导查询教师表并显示表中的"姓名"、"性别"和"工作时间"3个字段的记录。

解：

（1）打开相关教学管理数据库，单击"查询"对象。

（2）双击右边窗口中的"使用向导创建查询"，打开相应的"简单查询向导"对话框，或者单击"新建"按钮，先打开"新建查询"对话框，如图 4.3 所示。然后在此对话框中也可选择"简单查询向导"。

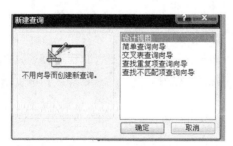

图 4.3　"新建查询"对话框

（3）在刚打开的"简单查询向导"对话框中，从"表/查询"的下拉列表中选择"教师表"。此时会在窗口左下方的"可用字段"框中显示出教师表里的所有字段。然后双击"教师姓名"字段，则该字段被添加到右下方的"选定的字段"框中。类似地将"性别"和"工作时间"字段也添加到"选定的字段"框中，或者用">"、">>"、"<"和"<<"按钮进行添加或去除，这些按钮的含义与第3章所述一样，如图4.4所示。

（4）单击"下一步"按钮，得到如图4.5所示的下一个"简单查询向导"对话框。

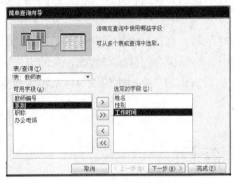

图4.4　选定相关字段

图4.5　输入本次查询表名称

（5）在"请为查询指定标题"文本框中输入本次查询表的名称。如果想马上查看结果，选择"打开查询查看信息"单选按钮。如果想修改查询，则选择"修改查询设计"单选按钮，即可返回修改。

（6）单击"完成"按钮，可得到本次查询结果，如图4.6所示。

图4.6　教师表中3个字段的查询结果

本例是针对一个表中字段的查询。系统还提供了多表查询，即从多个不同的表中各自选择一些字段组成新的记录，放在一个查询结果表中。

【例4.2】使用"简单查询向导"创建学生选课情况查询表，并选用课程表中课程类别、课程名称、学分字段，学生表中姓名、性别，共5个字段组成新的记录。

解：

（1）打开相关数据库，选择查询对象，使用新建或直接双击"使用向导创建查询"显示出"简单查询向导"对话框。

（2）在"表/查询"下拉列表中选择学生表，再将"姓名"、"性别"字段加入选定的字段框中，如图4.7所示。

（3）重新在"表/查询"下拉列表中选择课程表，再将"课程类别"、"课程名称"和"学分"字段加入选定的字段框。此时在不同的表中选出了5个相关的字段，如图4.8所示。

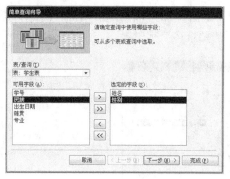

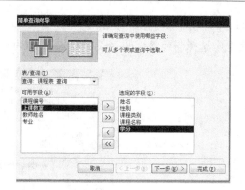

图 4.7　选择学生表字段　　　　　　　　　图 4.8　选定 5 个相关字段

（4）单击"下一步"按钮，显示"采用明细查询还是汇总查询"设置框。再单击"下一步"按钮，显示"请为查询指定标题"文本框，即要求为查询表起个名字。

（5）输入名称为"学生选课调查表"，并选择"打开查询查看信息"，如图 4.9 所示。

（6）单击"完成"按钮，此时会显示具有 5 个字段的查询结果，如图 4.10 所示。

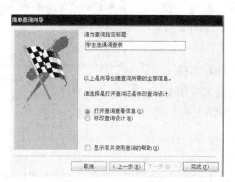

图 4.9　指定查询表名称　　　　　　　图 4.10　"学生选课调查表"查询结果

2.　查找重复项查询向导

查找重复项查询向导用于对具有相同字段值的记录计数，比如统计性别字段中值为"男"的记录有多少，即统计男性的人数。

【例 4.3】　在学生表中进行各专业人数的统计查询。

解：

（1）在数据库主窗口中选择"查询"对象，点击"新建"按钮，显示出如图 4.3 所示的"新建查询"对话框，双击其中"查找重复项查询向导"选项，屏幕显示如图 4.11 对话框。

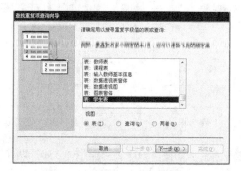

图 4.11　选择学生表（数据源）

（2）单击"学生表"项，再单击"下一步"按钮，打开如图4.12所示对话框，在"可用字段"列表框中选择需要统计的字段"专业"（也可以根据需要选多个字段）。

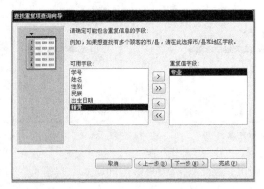

图4.12　选择"专业"字段统计

（3）单击"下一步"按钮，显示是否要设置另外的查询字段，不需要则单击"下一步"按钮，显示指定名称对话框。输入"专业人数统计"查询表名称，并单击"完成"按钮，得到如图4.13所示查询结果。

图中"Number Of Dups"是系统自动命名的统计计数字段。此查询结果表明"学生表"中专业为"计算机科学与技术"的有

图4.13　"专业"重复项查询结果

9人，为"计算机软件工程"的有5人，为"计算机网络工程"的有6人。

3.　查找不匹配项查询向导

主要用于在一个表中查找与另一个表中没有相关记录的数据记录。

【例4.4】在相关数据库中查找在"课程表"中没有上课信息的教师记录，并显示出其姓名、性别、职称。

解：

（1）打开相关数据库，选择"查询"对象，单击"新建"按钮，出现"新建查询"对话框，双击其中"查找不匹配项查询向导"选项，打开如图4.14所示对话框，选择"教师表"。

（2）单击"下一步"按钮，显示如图4.15所示对话框，选择其中"课程表"。

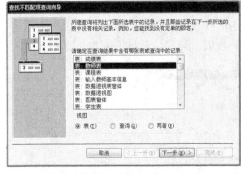

图4.14　选择"教师表"（数据源）

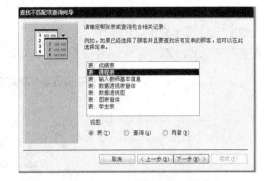

图4.15　选择包含相关记录的课程表

（3）单击"下一步"按钮，显示如图4.16所示对话框，选择两个表里都有的"教师编号"字段匹配。

（4）单击"下一步"按钮，显示如图 4.17 所示对话框。将"姓名"、"性别"和"职称"放入选定字段区。

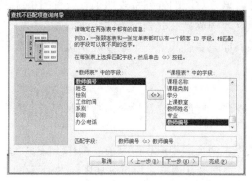
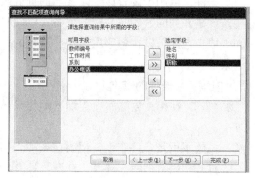

图 4.16　选择"教师编号"作为匹配字段　　　图 4.17　选择要显示的查询字段

（5）单击"下一步"按钮，在出现的对话框中输入查询表结果的名称"不上课教师"。

（6）单击"完成"按钮，显示本次查询结果如图 4.18 所示。

本次查询结果表明有 9 个各种职称的教师不上课，同时也显示了他们的姓名、性别。

图 4.18　不上课教师查询结果

4.2.2　使用"设计视图"创建

利用"查询向导"查询的缺点是不能进行带有条件的查询。而利用"设计视图"既可以创建不带条件的查询，也可以创建带有各种复杂条件的查询，还可以对已经创建的查询表进行编辑、修改，功能强大，它可以满足大多数需求。

在数据库主窗口中的"查询"对象被选中后，双击右边区域里的"在设计视图中创建查询"选项，可以打开如图 4.19 所示窗口。

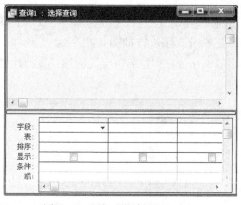

图 4.19　查询"设计视图"窗口

该窗口分为上下两个半区。上半区的字段列表区显示选中表的所有字段；下半区称为设计网格区，其中的每一列对应一个被选中的字段以及对字段可选择设置的一些要求。每行的作用如下。

（1）字段，选择查询时要用到的字段名称。

（2）表，字段所属的表或查询表的名称。

（3）排序，选择按何种方式排序或者不选择排序。

（4）显示，选择相应字段在查询结果表中是否显示。

（5）条件，可用于设置该字段参与的查询条件，该行对应的各列字段如果有设置的条件，那么这些条件是并列的，即"与"的关系，要同时成立才构成最终的查询条件。

（6）或，在此行设置各字段条件"或"的关系，即只要有其中一个条件成立就可以构成最终的查询条件。

1. 创建不带条件的查询

【例 4.5】在相关数据库中查询教师的编号、姓名、授课名称及学分，结果保存于"教师授课"表中。

解：该题不用带条件查询，但要在教师表与课程表两个表中取相应字段。操作步骤如下。

（1）打开相关数据库，选择"查询"对象，打开查询设计窗口，再打开如图 4.20 所示的"显示表"对话框。

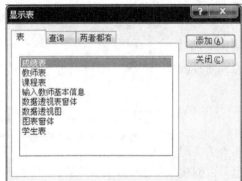

图 4.20　显示表对话框　　　　图 4.21　选定数据源的查询设计视图

（2）从"显示表"对话框中选择"表"选项卡，分别双击"教师表"和"课程表"，单击"关闭"按钮，如图 4.21 所示。

（3）在字段选择框内单击左键，从下拉列表中分别选择"教师表.教师编号"、"教师表.姓名"、"课程表.课程名称"和"课程表.学分"字段，如图 4.22 所示。

（4）此时可以重命名某字段，比如在"姓名"字段前加"教师姓名"，再加一个英文半角符号的冒号"："，如图 4.23 所示。

图 4.22　选定查询字段　　　　图 4.23　更改字段标题

（5）单击工具栏上的“运行”按钮，可以直接显示查询结果。也可以关闭查询设计视图或单击“保存”按钮，会显示“另存为”对话框，在“查询名称”文本框中输入“教师授课”名称，该查询结果被存放在查询对象列表中。本次查询结果如图 4.24 所示。

教师编号	教师姓名	课程名称	学分
JS22003	李枫	c++语言程序设计	4
JS22004	朱弘瞻	操作系统	4
JS22007	张震岳	数据库概论	4
JS22010	李蕾	离散数学	3
JS22014	唐文杰	ASP.NET开发与应用	4
JS22015	王明赋	计算机网络	4
JS22017	沈天	JAVA语言程序设计	4
JS22019	陶芳容	数据结构	4
JS22020	李京	计算机組成原理与汇编语言	4
JS22025	张珊珊	计算机导论	3
JS22028	沈正宏	操作系统	6

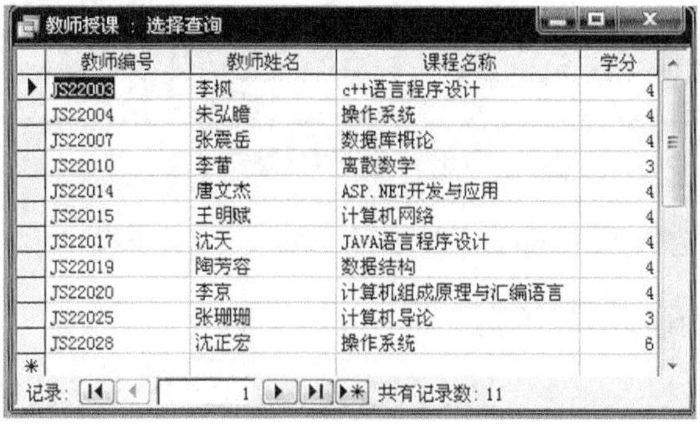

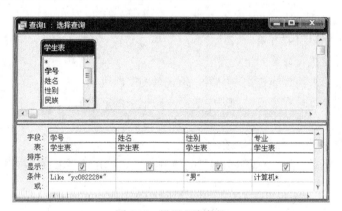

图 4.24　教师授课查询结果

如果查询涉及一个以上的表，则表间必须建有关系。如本例中图 4.22 所示教师表与课程表通过教师编号建立了一对多关系；另为了区分不同表的字段，用“表名.字段名”来表示，如上述“教师表.教师编号”。

2. 创建带条件的查询

可以在下半区的“条件”、“或”行中建立“与”条件和“或”条件。

【例 4.6】 查找计算机专业学号以 yc082228 开头的男学生。

解：通过在设计视图中对相关字段设置条件来查询，操作步骤如下。

（1）打开查询设计视图，将“学生表”添加到窗口的上半区，关闭显示表。

（2）在下半区选择相关字段与条件：“学号”字段，条件为“yc082228*”，表示要选 yc082228 打头的那些学号；“姓名”字段，未设条件；“性别”字段，条件为“男”；“专业”字段，条件为“计算机*”，表示以计算机打头的均可，如图 4.25 所示。

图 4.25　设置查询条件

（3）单击“保存”按钮，打开“另存为”对话框，在“查询名称”文本框中输入“计算机专业男生”，再单击“确定”按钮。

（4）转换到“数据表”视图（双击“计算机专业男生”查询表名即可），显示查询结果如图 4.26 所示。

图 4.26　查询结果

也可以从多个表中选取字段，设置条件进行查询。

4.2.3　查询中的计算功能

Access 2003 除了上述按各种条件进行查询得到相关记录外，还可以对于查找到的各类字段进行统计计算或自定义计算，通过设计网格中的"总计"行进行统计，或通过另外建立计算字段进行多种计算。

1．在查询中设置计算

系统提供了预定义计算和自定义计算。

（1）在总计行可以进行预定义计算，对查询中的记录组或全部记录进行总计、平均值、最小值、最大值、计数、标准偏差、方差等计算。

通过单击工具栏上的"总计"按钮Σ，使得下半区的设计网格中出现"总计"行，对于相交列的字段，均可在此选择总计项，对查询中的相关记录进行计算。共可选择如下 12 个总计项。

① 总计：求某字段的累加值。

② 平均值：求某字段的平均值。

③ 最小值：求某字段的最小值。

④ 最大值：求某字段的最大值。

⑤ 计数：求某字段中非空值数。

⑥ 标准差：求某字段值的标准偏差。

⑦ 方差：求某字段值的方差。

⑧ 分组：定义要执行计算的组。

⑨ 第一条记录：求在表或查询表中第一条记录的字段值。

⑩ 最后一条记录：求在表或查询表中最后一条记录的字段值。

⑪ 表达式：建立表达式中包含统计函数的计算字段。

⑫ 条件：指定不用于分组的字段条件。

（2）自定义计算可使用一个或多个字段的值进行计算，并且要求直接在设计网格中建立新的计算字段。具体做法是将计算用到的表达式输入设计网格的空字段行。

【例 4.7】 统计 1988 年出生的学生人数。

解：

（1）打开相关数据库，单击"查询"对象，选择"新建"，打开"设计视图"，将"学生表"添加到上半区的窗口中。

（2）选择"学生表"中的"学号"字段，将其添加到下半区的第 1 列，再选"出生日期"字段到第 2 列。

（3）单击"视图"菜单中的"总计"命令，或单击工具栏上的"总计"按钮 Σ，此时会在下半区的设计网格中自动插入一个"总计"行，而 2 个被选择字段的"总计"行自动被设为分组。

（4）单击"学号"字段的"总计"行，并单击其右侧的向下箭头按钮，从打开的下拉列表中选择"计数"；由于"出生日期"只作为条件，故在其"总计"行上输入"条件"（系统规定设为"条件"的总计项字段不能出现在查询结果中）。

（5）在"出生日期"的条件行网格中输入 between#1988-1-1#And#1988-12-31#，如图 4.27 所示。

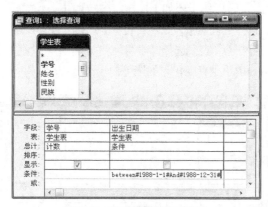

图 4.27　设置查询条件和总计

图 4.28　带条件的总计查询结果

（5）单击工具栏上的"保存"按钮，在出现的"另存为"对话框的"名称"文本框中输入"88 年出生学生人数"，然后单击"确定"按钮。

（6）双击"88 年出生学生人数"查询表，显示"数据表"视图，即为如图 4.28 所示查询结果。

2. 查询中的分组统计

分组统计是针对查询记录时的分类统计设置的功能。在"设计"视图中将用于分类统计的字段对应的"总计"行设置为"分组"，即能进行分组统计。

【例 4.8】 统计各专业学生人数。

解：

（1）打开相关数据库，打开查询的设计视图窗口，选择"学生表"放入上半区，在下半区选择"专业"字段和"姓名"字段。

（2）单击"总计"按钮，下半区网格中出现"总计"行，"专业"字段的"总计"行默认用"分组"，"姓名"字段的"总计"行利用下拉列表选择"计数"，如图 4.29 所示。

（3）单击"保存"按钮，在"另存为"对话框中输入查询名称为"各专业学生数"，单击"确定"按钮。

（4）双击"各专业学生数"查询表，得到如图 4.30 所示查询结果。

图 4.29　设置分组统计

统计出 3 个计算机专业的人数分别为 9 人、5 人、6 人。

3. 添加计算字段

系统可以增加新的字段来显示计算的结果值，这种值可以根据一个或多个表，或查询表中的一个或多个字段结合表达式计算得到，这种新添加的字段称为计算字段。

图 4.30　分组统计结果

【例 4.9】用学生表建立查询，并显示学号、姓名、专业和年龄。

解：一般学生表中只有出生日期，没有直接表示年龄的字段，因此要设置一个计算年龄的字段并且在查询结果中显示出来，操作步骤如下。

（1）打开相关数据库，选择查询对象，在"新建"中选择"设计视图"，在显示表中选择学生表。

（2）在设计视图下半区网格中依次选择"学号"、"姓名"、"专业"字段，在第 4 列字段行中输入"年龄：year(date())-year([出生日期])"，如图 4.31 所示。

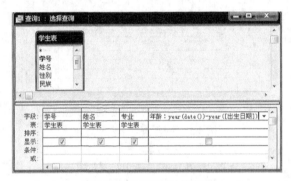

图 4.31　设置年龄计算字段

（3）保存并输入查询表名称"学生年龄"，然后双击该名称，或者直接单击工具栏里的运行按钮，则显示查询结果如图 4.32 所示。

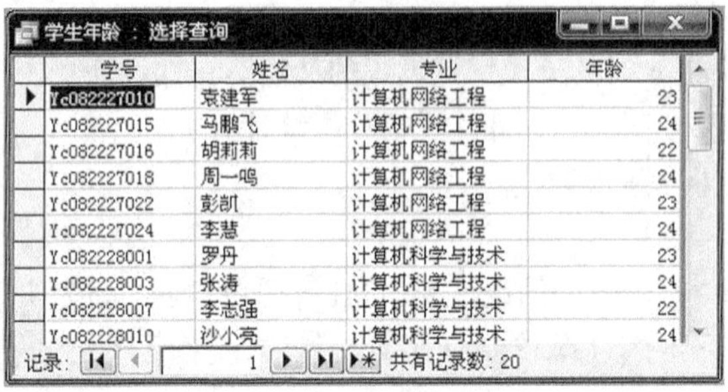

学号	姓名	专业	年龄
Yc082227010	袁建军	计算机网络工程	23
Yc082227015	马鹏飞	计算机网络工程	24
Yc082227016	胡莉莉	计算机网络工程	22
Yc082227018	周一鸣	计算机网络工程	24
Yc082227022	彭凯	计算机网络工程	23
Yc082227024	李慧	计算机网络工程	24
Yc082228001	罗丹	计算机科学与技术	23
Yc082228003	张涛	计算机科学与技术	24
Yc082228007	李志强	计算机科学与技术	22
Yc082228010	沙小亮	计算机科学与技术	24

记录：共有记录数：20

图 4.32　学生年龄查询结果

本例在计算字段中的表达式时用到了系统提供的函数 year(a)表示取 a 的年份，date()表示取系统当前日期，而[出生日期]表示取学生表中出生日期字段的值。故查询中加入的计算字段表达式 year(date())-year([出生日期])意为用系统当前日期的年份减去学生出生日期中的年份，即为年龄。

4.2.4　建立多表间的关系

如果查询时涉及一个以上的表或查询表，那么这些表之间要建立表间关系，可以采用如下 2 种方法。

（1）在设计关系数据库的所有表时，预先设计相关表间的关系，并且在建库输入所有数据表时即建立相关表间关系。这样在查询时会自动在设计视图上半区显示其关系。

（2）利用自动联接功能。如果查询时用到的两个表具有同名字段，且其中之一是主键，系统会自动联接这两个表，该功能可以通过选择"工具|选项"菜单命令，在"选项"对话框的"表/查询"选项卡中设置该项功能默认有效，如图 4.33 所示。

图 4.33　启用自动联接功能

　　有时利用自动联接的结果不一定正确，因为该功能只按语法上相同的字段联接，而不管语义是否正确，有可能建立错误的或没有实际意义的查询结果。因此，应该对查询结果给予进一步的检查。

4.3　参数查询

一般的查询内容和条件在每次执行时都是固定不变的。如果在同一格式的条件下要利用不同的字段值去查询，则每次均要更改已建立的条件。参数查询将条件设置成参数形式，这样在运行查询时会每次出现对话框，提示使用者在相同格式下输入不同的参数，然后系统会查询显示出相应的记录数据。设置参数查询的方法是在对应下半区的网格中输入提示文本，同时用方括号"[ ]"括起来，当运行时就会给出提示文本。有单参数查询和多参数查询两种方式。

4.3.1　单参数查询

该查询在创建时只能在字段中指定一个参数，运行时提示输入一个匹配的参数值进行查询，并显示相应的结果。

【例 4.10】　用参数查询查找某教师的上课名称、教室、学分。

解：此时要涉及显示教师表中的"姓名"、课程表中的"课程名称"、"上课教室"和"学分"字段，在"姓名"字段下的条件行设置 "[输入教师姓名]" 文本。

（1）打开相关数据库，选择"查询"对象，单击"新建"按钮，将"教师表"和"课程表" 添加到查询的设计视图。

（2）将教师表的"姓名"字段、课程表的"课程名称"、"上课教室"和"学分"字段添加到下半区，并在"姓名"字段的条件行输入参数查询提示文本 "[输入教师姓名]"，如图 4.34 所示。

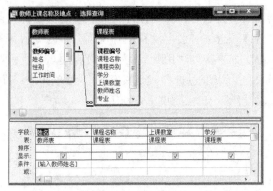

图 4.34　设置单参数查询

（3）单击工具栏上的"运行"按钮，会显示"输入参数值"对话框，在"输入教师姓名"文本框中输入一个教师的姓名，比如李蕾，如图 4.35 所示。

（4）单击"确定"按钮，此时可以看到参数查询的结果，即李蕾老师在何处上什么课，如图 4.36 所示。

图 4.35　运行时输入参数值李蕾

图 4.36　参数查询的结果

（5）如果要将查询结果保存，可以选择"另存为"命令，在相应对话框中输入名称并单击"确定"按钮。

注意

（1）出现提示文本后，按照要求输入查询条件，如果有符合条件的记录即刻显示出来，否则不显示数据，为一空表。

（2）如果在一个已经建立的查询表中创建参数查询，则直接用设计视图打开相关查询表，加入参数条件即可。

（3）如果是从头创建的参数查询，则单击"保存"按钮就能存储刚建立的查询表。

4.3.2　多参数查询

创建多参数查询时，可以对多个字段设置参数。在运行多参数查询时，需要按次序输入对应的多个参数值。

【例 4.11】　创建对学生表的多参数查询，依次输入"性别"和"专业"，即可从学生表中查询并输出显示学号、姓名、性别、专业和籍贯信息。

解：

（1）打开相关数据库，选择查询设计视图，将学生表添加到上半区中。

（2）在下半区分别添加"学号"、"姓名"、"性别"、"专业"和"籍贯"字段。

（3）在"性别"字段的条件行设置"[输入性别]"参数，在"专业"字段的条件行设置"[输入专业]"参数，如图 4.37 所示。

（4）保存并设定本次查询表的名称。

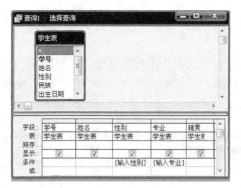

图 4.37　建立多参数查询

（5）单击工具表的"运行"按钮或者"视图"按钮，此时会弹出如图 4.38 所示对话框。

（6）输入"男"（或者"女"），单击"确定"按钮，会弹出如图 4.39 所示对话框，要求输入专业参数。

图 4.38　输入性别参数

图 4.39　输入专业参数

（7）输入"计算机科学与技术"，单击"确定"按钮，此时会显示如图 4.40 所示查询结果。

图 4.40　多参数查询结果

4.4　交叉表查询

这是一种将查询结果以新的表结构形式表示的查询，将来源于表（数据源）中的字段分为两组，一组变为行标题的形式显示在新表的左边，另一组还是以列标题的形式显示在新表的顶部。在这两种字段对应的行、列交叉处，可以对有关数据进行求和、计数等计算，并显示出相应结果。

4.4.1　使用交叉表查询向导创建交叉表

【例 4.12】　利用交叉表查询向导统计各专业男女生人数。

解：

（1）打开相关数据库，选择查询对象，单击"新建"按钮，在出现的"新建查询"对话框中，选择"交叉表查询向导"选项，单击"确定"按钮，打开"交叉表查询向导"对话框，如图 4.41 所示。

（2）在对话框上半区选择"学生表"作为数据源，视图选择"表"单选项，单击"下一步"按钮，在打开用于设置行标题的对话框中，从"可用字段"区列表中双击"专业"字段，将其放到"选定字段"区中，如图 4.42 所示。

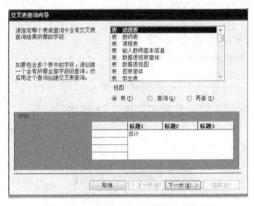

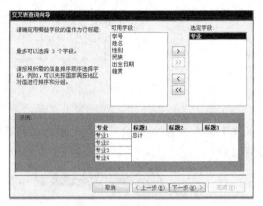

图 4.41　"交叉表查询向导"对话框　　　　　图 4.42　设定行标题对话框

（3）单击"下一步"按钮，在显示设置列标题的对话框中选择"性别"字段作为交叉表的列标题字段，如图 4.43 所示。

（4）单击"下一步"按钮，出现设置行列交叉点显示内容对话框。在上半区"字段"列表中选择"姓名"字段，在"函数"列表中选择"计数"选项，如图 4.44 所示。

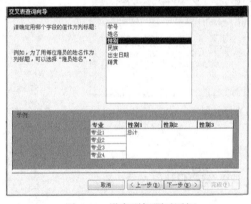

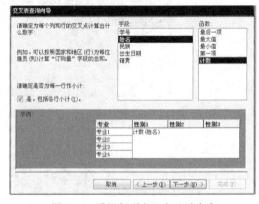

图 4.43　设定列标题对话框　　　　　　图 4.44　设置行列交叉点显示内容

（5）单击"下一步"按钮，在出现的对话框中为当前查询表指定一个名称，然后单击"完成"按钮，结果如图 4.45 所示。

专业	总计 姓名	男	女
计算机科学与技术	9	5	4
计算机软件工程	5	5	
计算机网络工程	6	4	2

图 4.45　利用交叉表查询向导查询结果

4.4.2 使用设计视图创建交叉表

使用向导创建交叉表的数据源只能来自一个表或查询表。如果利用设计视图创建，则可从多个数据源中选择字段。

【例 4.13】 用设计视图创建交叉表查询，根据"教师表"、"课程表"中的数据，输出教师编号、姓名、所教课程名称和这些课程的类别。

解：

（1）打开相关数据库，选择查询对象，双击主窗口的"在设计视图中创建查询"，并将"教师表"和"课程表"添加到设计视图的上半区。

（2）在设计视图下半区中选择"教师表.教师编号"、"教师表.姓名"、"课程表.课程名称"和"课程表.课程类别"字段，分别放入第 4 列。

（3）单击工具栏中的"查询类型"按钮，在其下拉列表中选择"交叉表查询"，这时会在下半区自动插入"总计"行和"交叉表"行。

（4）单击"教师编号"字段列的"交叉表"网格，并单击右侧出现的向下箭头，在下拉列表中选择"行标题"。类似地对"姓名"字段也选择"行标题"。

（5）单击"课程名称"字段的"交叉表"网格，从下拉列表中选择"列标题"。同样地，将"课程类别"字段的交叉表网格选定为"值"，其"总计"行选择"第一条记录"，如图 4.46所示。

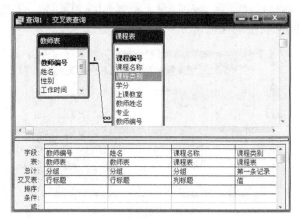

图 4.46 设计视图创建交叉表查询

（6）单击"运行"按钮，或者指定查询表名称并保存后，从数据表视图观看本次查询结果，如图 4.47 所示。

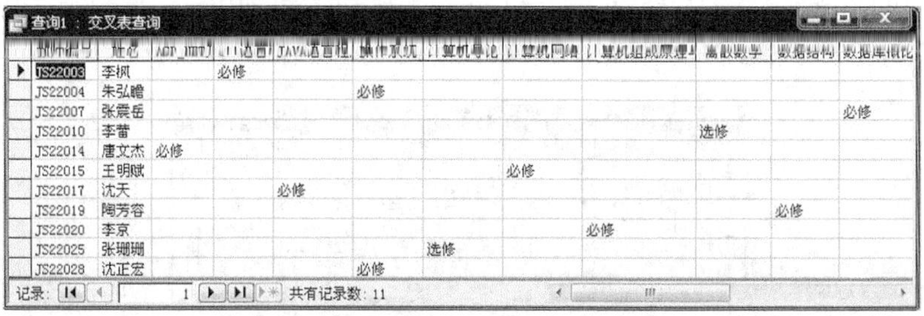

图 4.47 交叉表查询结果

4.5 操作查询

之前介绍的查询都是从数据源表中找出符合条件的记录数据，产生新的查询表，并没有改变数据源表中的数据。而实际应用中，常会涉及批量修改数据，此时利用操作查询可以同时实现检查、更新、追加和删除记录，共有 4 种操作查询。

4.5.1 生成表查询

生成表查询不但可以从一个或多个数据表或查询表中获取数据，而且可以选择其中的数据建立新数据表。在 Access 2003 中，从数据表访问数据比从查询表中访问数据快，这种查询生成的是新的数据表。

【例 4.14】 从"教师表"中查询所有教授的信息，并将其生成一个名为"教授"的新数据表。

解：

（1）打开相关数据库，选择进入查询设计视图，并将"教师表"添加到设计视图的上半区。

（2）双击或拖放"教师表"中的"*"到设计视图下半区字段行第 1 列，"*"表示"教师表"中的所有字段。

（3）将"职称"字段加入字段行的第 2 列，在该列的条件行上输入"教授"，并将对应"显示"复选框设为不显示。

（4）单击工具栏上的"查询类型"按钮，从下拉列表中选择"生成表查询"，在对话框中为新建表输入表名"教授表"，如图 4.48 所示。

图 4.48 创建生成表查询

（5）单击"确定"按钮，此时设计视图的标题变为"生成表查询"。

（6）单击工具栏的"视图"按钮，可预览当前生成的新表内容。若要修改可再次单击"视图"按钮，切换到设计视图去修改。

（7）单击工具栏的"运行"按钮，生成一个"教授"新表，用数据表视图打开可以看到，如图 4.49 所示。

图 4.49 新生成的"教授"数据表

4.5.2　追加查询

追加查询可以将一个或多个表中符合指定条件的若干记录添加到另外已经存在的表的尾部，但两者的结构要一致。一次创建的查询可以多次使用。

【例 4.15】　建立追加查询，将"教师表"中职称为副教授的记录添加到"教授"表中，追加查询表名称为"追加副教授"。

解：

（1）打开相关数据库，选择查询设计视图，将"教师表"添加到上半区。

（2）单击工具栏上的"查询类型"按钮，在其下拉列表中选择"追加查询"选项，屏幕显示出"追加"对话框，在"表名称"文本框的下拉列表中选择"教授"表，表示要将查到的记录追加到"教授"表中，如图 4.50 所示。

（3）双击教师表中的"*"，将其设置到设计视图的下半区字段行的第 1 列，表示要追加所有字段的数据。在字段行的第 2 列选择"职称"字段，在对应条件行输入"副教授"，同时去掉"追加到"行中自动加入的"职称"字样，如图 4.51 所示。

图 4.50　"追加"对话框

图 4.51　设置追加查询

（4）单击工具栏的"视图"按钮，可以预览将要添加的记录，再次单击"视图"按钮，切换回设计视图，可对当前查询进行修改。

（5）单击"保存"按钮，在"另存为"对话框中输入名称为"追加副教授"。单击"确定"按钮，该查询被保存。

（6）单击工具栏的"运行"按钮，会弹出"追加查询提示框"，如图 4.52 所示。

（7）单击"是"按钮表示完成添加，即把在教师表中查到的所有"副教授"记录添加到"教授"表中。可以转到表对象去查看追加了记录的"教授"表，如图 4.53 所示。

图 4.52　追加查询提示框

图 4.53　已经追加记录的表

4.5.3　更新查询

更新查询可以实现对一个或多个数据表中符合指定条件的所有数据记录按要求进行批量修改。

【例4.16】创建更新查询，将"学生表"中的"计算机软件工程"专业名称改为"软件工程"。

解：

（1）打开相关数据库，选择查询设计视图，将"学生表"添加到上半区。

（2）选择"学生表"中的"专业"字段，放入下半区第1列，在该列的"条件"行上输入"计算机软件工程"。

（3）单击工具栏的"查询类型"按钮旁的向下箭头，在下拉列表中选择"更新查询"，此时设计视图标题变为"更新查询"，并在设计视图下半区自动增加一个"更新到"行，在"更新到"行中输入"软件工程"，如图4.54所示。

（4）单击工具栏的"视图"按钮，可以预览到当前查询将要更新的记录。再次单击"视图"按钮返回设计视图，可对当前查询进行修改。

（5）单击"运行"按钮，此时会弹出更新提示框，如图4.55所示。

图4.54　设置更新查询　　　　　　　　　图4.55　更新查询提示框

（6）单击"是"按钮，即可对"学生表"中的"专业"字段内容按要求修改。可以转到表对象去查看"学生表"的内容，如图4.56所示。

图4.56　已更新专业的学生表

4.5.4　删除查询

删除查询可以从一个或多个表中按指定的条件成批地删除记录。只能按整行删除记录，不能只删除其中部分字段。

【例 4.17】　创建一个删除查询，将"教师表副本"中职称为"教授"的记录全部删除。

解：

（1）打开相关数据库，选择查询设计视图，将"教师表副本"添加到上半区。

（2）双击表中"*"，将所有字段放入下半区字段行的第 1 列，选择"职称"字段放入下半区第 2 列，在其"条件"行输入"教授"。

（3）单击工具栏的"查询类型"按钮，从其下拉列表中选择"删除查询"。此时设计视图窗口标题变为"删除查询"，并在下半区自动添加一个"删除"行，其对应第 1 列中出现"From"，第 2 列中出现"Where"，如图 4.57 所示。

（4）单击工具栏"视图"按钮，可以预览将要被删除的一批记录。再次单击"视图"按钮，返回到设计视图，可以对当前删除查询进行修改。

（5）单击工具栏上的"运行"按钮，会显示一个删除提示框，如图 4.58 所示。

图 4.57　设置删除查询

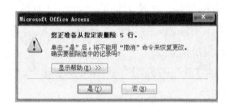

图 4.58　设置删除查询提示框

（6）单击"是"按钮，即可把"教师表副本"数据表中职称为"教授"的所有记录删除。此时该表内容如图 4.59 所示。

图 4.59　已删除教授的教师表

如果想删除部分指定字段的数据而不是整个记录的话，可以使用更新查询将相应字段值改为空值。

注意

操作查询是在一次操作中更改一批记录，并且在确认运行操作查询后，不可以撤销所做的更改操作。因此。为了避免误操作，在使用操作查询前，最好备份相关数据。

本章小结

本章介绍了 Access 2003 的查询设计，有选择查询、参数查询、交叉表查询、操作查询和 SQL 查询 5 种类型。本书主要介绍了前 4 种。查询结果可以作为其他数据库对象的"数据源"。主要内容如下。

1. 选择查询。这是最常用的查询，它可以从一个或多个数据源获取数据，还可以对查到的记录进行多种类型的计算。

2. 参数查询。查询的值不是固定的，提供了一种形式参数，当每次运行查询时会根据当时输入的实际参数值去进行查询，以获得不同的对应查询结果。

3. 交叉表查询。可以对已有的表或查询中的数据进行重构和计算，可以将数据源表中的部分字段按行排列，另一部分字段按列排列，并在这些行、列字段交叉单元格位置上填写有关计算所得的数据。

4. 操作查询。根据条件进行删除、更新、追加和生成表的操作。此种查询可以改变数据源的数据，而上述 3 种查询不能改变。

5. 查询条件。各种类型的查询均要通过设置查询条件去查找相关记录数据，系统支持由运算符、常量、字段值、字段名、属性、函数等符号组成的组合，以形成各种复杂的查询条件，重点要掌握其组成规则。

6. 创建查询的方法有查询向导创建查询、设计视图创建查询和使用 SQL 语言创建查询，本节主要介绍了前 2 种。

7. 查询常用的视图种类有数据表视图和设计视图 2 种。

8. 在设计视图下半区有字段、表、排序、显示、条件、或、总计等行，各种查询条件可以直观地在此表达。应该重点掌握其构成及组合规则。

9. 可以在查询中设置计算。在"总计"行提供了 12 种预定义计算可以选用，另外还可以自定义计算。

10. 建立多表间的关系。如果查询涉及一个以上的表，应该正确、有效地建立表间关系。可以直接利用建数据库时已经建立的数据表间的关系；也可以选用设置查询时的"启用自动联接功能"选项，但要注意检查自动联接的表间关系有时是错误或不合实际的。

习   题

一、概念与问答题

1. 数据表与查询表的区别是什么？

2. 查询和筛选有何区别？

3. Access 2003 查询中的总计有何用处？共有哪几种总计项？

4. 参数查询有何特点？如何创建单、多参数查询？

5. 操作查询有何特点？能够完成哪些操作？

6. 如何创建生成表查询？

7. 什么是交叉表查询，有什么特点？

8. 如何设置查询条件？查询条件中可以包括哪些内容？

9. 有哪几种类型的查询？

10. 查询有哪几种方法？

11. 在查询的设计视图下半区主要有哪些栏目，各自的作用是什么？

12. 查询为何有时要建立多个表间的关系？有哪两种建立方式？

13. 有哪些构成条件的运算符？

14. 有哪几种查询向导？

15. 利用设计视图创建查询，主要会涉及哪些步骤？

二、是非判断题

1. 使用已存在的查询时，每次都要去创建查询时的相关数据源提取记录。（　　　）

2. 创建查询职称为"讲师"的记录时，只要在所选职称字段对应的条件行输入"讲师"即可。（　　　）

3. SQL 查询不属于 Access 2003 中的查询类型。（　　　）

4. 利用查询设计视图中的"总计"行，可以计算字段的统计值。（　　　）

5. 所有查询都不能改变表的内容。（　　　）

6. 用于设置查询条件的有关字段，一定要显示在查询结果中。（　　　）

7. 参数查询中的输入参数文本应该设置在"字段"行。（　　　）

8. 如果要显示所有姓名中有王的记录，相关设置条件为"like"王*""。（　　　）

9. 查询的数据源不能来自另一个已存在的查询。（　　　）

10. 查询的名称不能与数据表的名称相同。（　　　）

11. 查询 7 月份生日的条件是 Month([生日])=7。（　　　）

12. 查询中默认字段显示的顺序是按照字母的顺序。（　　　）

13. 要查询 1989 年出生的人，应该设置条件为>#1989-01-01#。（　　　）

14. 生成表查询不属于操作查询。（　　　）

15. 选择查询不属于操作查询。（　　　）

三、选择题

1. 要在 Access 2003 中建立查询，方法有_____。

（A）查询设计视图　　　　　　　（B）SQL 语句

（C）查询向导　　　　　　　　　（D）以上都对

2. 在查询的设计视图中，如果要某个字段只用于设定条件，而不必出现在查询结果中，可以通过设置_____行。

（A）显示　　　　　　　　　　　（B）排序

（C）字段　　　　　　　　　　　（D）准则

3. 要查找"姓名"字段中包含"李"字的所有记录，应该在条件行设置_____。

（A）Like "*李*"　　　　　　　　（B）Like "李*"

（C）Like 李　　　　　　　　　　（D）李

4. 如果要根据某个或某些字段不同的值来查找记录，则最好使用_____。

（A）操作查询　　　　　　　　　（B）选择查询

（C）交叉表查询　　　　　　　　（D）参数查询

5. 要计算每个学生的年龄（取整），正确的计算公式为_____。

（A）Year([出生日期])/365

（B）Year(date())-Year([出生日期])

（C）(Date()-[出生日期])/365

（D）Date()-[出生日期]/365

6. 条件式 "Between 80 AND 100" 等同于_____。

（A）>80 OR <100 　　　　　　（B）>=80 AND <=100

（C）>=80 OR <=100 　　　　　（D）>80 AND <100

7. Access 2003 查询的数据源可以来自_____。

（A）查询 　　　　　　　　　（B）表或查询

（C）表 　　　　　　　　　　（D）窗体

8. 当使用 "交叉表查询向导" 创建交叉表时，正确的数据源描述是_____。

（A）创建交叉表的数据源只能来自一个表或一个查询

（B）创建交叉表的数据源可以来自多个表

（C）创建交叉表的数据源可以来自多个表或查询

（D）创建交叉表的数据源只能来自一个表和一个查询

9. 如果要从表中删除 "考分" 低于 40 分的记录，应该使用的查询是_____。

（A）选择查询 　　　　　　　（B）交叉表查询

（C）操作查询 　　　　　　　（D）参数查询

10. 如果要把表 A 中的记录添加到表 B 中，要求保持表 B 中的原有记录，可以使用的查询是_____。

（A）联合查询 　　　　　　　（B）追加查询

（C）传递查询 　　　　　　　（D）生成表查询

11. Access 2003 数据库中最常用的查询是_____。

（A）参数查询 　　　　　　　（B）SQL 查询

（C）交叉表查询 　　　　　　（D）选择查询

12. 若查找 "编号" 是 "1357" 和 "2468" 的记录，应在查询 "设计" 视图的 "条件" 行中输入_____。

（A）Not（"1357"，"2468"） 　　（B）In（"1357"，"2468"）

（C）Not In（"1357"，"2468"） 　（D）"1357" And "2468"

13. 如果要统计记录的个数，在查询中应使用的函数是_____。

（A）COUNT(*) 　　　　　　　（B）AVG

（C）SUM 　　　　　　　　　（D）COUNT(列名)

14. 使用参数查询，"输入参数值" 对话框的提示文本应设置在设计视图的 "设计网格" 的_____。

（A）"显示" 行 　　　　　　　（B）"文本提示" 行

（C）"条件" 行 　　　　　　　（D）"字段" 行

15. 查询 "雇员" 表中 "姓名" 不为空值的记录条件是_____。

（A）? 　　　　　　　　　　　（B）""

（C）* 　　　　　　　　　　　（D）Is Not Null

16. 查询条件式"In（"北京","上海","重庆"）"相当于_____。
    （A）"北京"OR"上海"AND"重庆"　　（B）"北京"AND"上海"AND"重庆"
    （C）"北京"OR"上海"OR"重庆"　　（D）"北京"AND"上海"OR"重庆"

17. 操作查询的特点是可用于_____。
    （A）从一个以上的表中查找记录
    （B）以类似于电子表格的格式汇总大量数据
    （C）更改已有表中的大量数据
    （D）对一组记录进行计算并显示结果

18. 如果要将数据源中符合指定条件的所有记录，添加到一个指定的数据表中，应使用_____。
    （A）参数查询　　　　　　　　　（B）选择查询
    （C）操作查询　　　　　　　　　（D）总计查询

19. 若统计"学生"表中 1999 年出生的学生人数，应在查询设计视图中，将"学号"字段"总计"单元格设置为_____。
    （A）Count　　　　　　　　　　（B）Where
    （C）Total　　　　　　　　　　（D）Sum

20. 可以使用_____将查询结果得到的记录数据作为一个新表添加到数据库中。
    （A）操作查询　　　　　　　　　（B）选择查询
    （C）总计查询　　　　　　　　　（D）参数查询

21. 要创建一个交叉表查询，在"交叉表"行上有且只能有一个的是_____。
    （A）列标题和值　　　　　　　　（B）行标题和列标题
    （C）行标题、列标题和值　　　　（D）行标题和值

22. 要设置显示电话号码字段中 8 打头的所有记录（电话号码字段的数据类型为文本型），应该在条件行输入_____。
    （A）Like8*　　　　　　　　　　（B）Like"8*"
    （C）Like"8?"　　　　　　　　　（D）Like"8#"

23. 下列不属于 Access 2003 查询类型的是_____。
    （A）选择查询　　　　　　　　　（B）SQL 查询
    （C）操作查询　　　　　　　　　（D）排序查询

24. 设置参数查询的提示文本要用什么括号_____。
    （A）()　　　　　（B）{}　　　　　（C）[]　　　　　（D）""

25. 不属于操作查询的是_____。
    （A）追加查询　　　　　　　　　（B）选择查询
    （C）生成表查询　　　　　　　　（D）删除查询

26. 在查询执行过程中，如果允许根据不同的输入条件，而获得不同的结果，应使用_____。
    （A）总计查询　　　　　　　　　（B）参数查询
    （C）操作查询　　　　　　　　　（D）选择查询

四、填空题

1. 在对"教师"表的查询中，若设置显示的排序字段是"教师编号"和"姓名"，则查询结

果先按_____排序，_____相同时再按_____排列。

2. 操作查询包括_____、_____、_____和_____。

3. Access 2003 中提供了_____、_____、_____、_____和_____5 种查询。

4. 系统规定在输入查询条件时，"日期/时间"常量应使用_____符号括起来，字段名应使用_____符号括起来。

5. 常用_____和_____ 2 种方法创建选择查询。

6. 利用_____查询可以将数据表中满足条件的一组记录保存为一个新的数据表；而利用_____查询可以将筛选出来的记录数据添加到已建立的相关数据表中。

7. 如果要对查询中全部记录或记录组计算一个或多个字段的统计值，应该使用查询设计视图中的_____行。

8. 写出相关函数的名称：对字段内的值求和_____；对字段内的值求最小值_____；计算某字段中非空值的个数_____。

9. 交叉表查询将相关表的字段分成 2 组，一组以_____的形式显示在表格的左侧，另一组以_____的形式显示在表格的顶端，而对数据进行统计计算的结果显示在_____上。

10. 在查询设计时，位于"条件"栏同一行的条件之间是_____逻辑关系，位于"或"栏同一行的条件之间是_____逻辑关系。

11. 查询"学生"表中"职位"为班长或学习委员的条件为_____。

12. 使用已经存在的查询时，实际上每次都要从创建该查询时所用的_____或_____中找寻相关记录。

13. 查询的结果数据会在内存中组成一个_____，并以数据表视图的方式显示出来。而查询对象中仅仅保存该查询的_____。

14. 查询向导的缺点是不能进行带有_____的查询。

15. _____语言是关系型数据库的标准语言。

16. 参数查询是一种根据用户输入的_____去查询相关记录的类型。

17. 交叉表查询的行、列交叉单元格中可以显示_____。

18. 当在查询的设计视图中创建查询时，Access 2003 系统会在后台生成等效的_____。

19. Access 2003 可用于构成条件的运算符有_____、_____、_____3 类。

20. Access 2003 提供了_____、_____、_____3 种逻辑运算符。

21. 表示年龄字段中 20～90 岁的条件为_____。

22. 求所有值的平均值函数是_____。

23. 求所有值的总和的函数是_____。

第 5 章
窗体

窗体可以为人机交互提供丰富多彩的操作界面。使用窗体能够输入、编辑、显示、统计、查询和输出数据。在 Access 2003 开发的应用系统中，常利用窗体组织、控制数据库的操作流程，形成一个流畅的数据库应用系统。一般窗体要通过数据表或询表作为数据源来创建，且窗体本身并不存储数据。

5.1　了解窗体

窗体是 Access 2003 主要的交互界面，它还可以控制应用软件的执行流程。

5.1.1　窗体的概念

利用窗体可以使得人机界面更加友好，使得 Access 2003 数据库中数据的输入、查看和修改变得更加直观，同时也提高了数据处理的准确性和可靠性。窗体本身提供了多种多样的图形化控件。窗体的作用主要体现在如下几个方面。

（1）输入数据。可以为数据表另外专门设计一个窗体作为该表输入数据记录的界面，以利于输入的准确性和规范性。

（2）编辑与显示数据。可以同时显示多个数据源的数据，并设置专门的编辑或显示窗体，可以在窗体中编辑、删除或修改数据。

（3）打印数据。可以设置窗体用于打印一个或多个数据源中的数据，并且还能设置一定的打印格式。

（4）对应用程序的流程进行控制。在一个实用的应用程序运行时，常为其设计窗体作为用户操作时的控制界面，可以结合函数、过程、宏和 VBA 程序模块形成合理的调度与控制流程。

（5）自定义对话框。设计多种形式的窗体对话框，可以方便提示信息或接收各种形式的输入数据。

窗体主要由以下 5 个部分组成。

（1）窗体页眉，位于顶部，主要用于显示窗体的标题、放置任务按钮及窗体使用说明等信息。

（2）页面页眉，仅用于设置窗体在输出打印时的页眉信息。

（3）主体，是窗体的主要显示、工作界面。

（4）页面页脚，仅用于设置窗体在输出打印时的页脚信息。

（5）窗体页脚，位于底部，主要用于显示窗体对记录的操作说明及命令按钮的设置等。

5.1.2 窗体的类型

Access 2003 主要有以下 7 种类型的窗体。

1. 纵栏式窗体

纵栏式窗体每屏显示一条记录的详细信息，左边列显示所有字段名，对应的右边列显示字段内容，如图 5.1 所示。

2. 数据表窗体

数据表窗体的格式与前述数据表或查询表一样，主要用做一个窗体的子窗体，方便观看数据内容，如图 5.2 所示。

图 5.1　纵栏式窗体　　　　　　　　　　图 5.2　数据表窗体

3. 表格式窗体

表格式窗体一屏可以显示多条数据记录，通常是每个记录占用一行，从左至右排列。这种方式的记录不宜过长，否则需要人工左右移动观看，如图 5.3 所示。

图 5.3　表格式窗体

4. 数据透视表窗体

数据透视表窗体可以为指定数据源产生一个 Excel 形式的分析表，可以用它来做数据分析，可以对表中的数据记录进行操作，也可以变换透视表的布局，将分析结果显示为易读、易理解的形式，如图 5.4 所示。

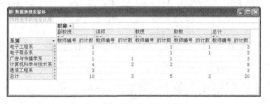

图 5.4　数据透视表窗体

5．数据透视图窗体

数据透视图窗体是以图形分析图的形式来表示数据记录，可以显示多种形式的图形表，如图 5.5 所示。

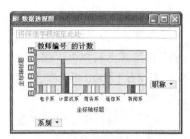

图 5.5　数据透视图窗体

6．主/子窗体

一个窗体中可以再显示子窗体，含有子窗体的窗体称为主窗体。主/子窗体可用于同时显示多个数据源中的数据。通常数据源中的数据表或查询表中的数据具有一对多的关系，如一个学生可以选修多门课程，则学生表与成绩表之间具有一对多关系，如图 5.6 所示。

7．图表窗体

图表窗体是通过利用 Microsoft Graph 以图表方式显示数据表或查询表，如图 5.7 所示。

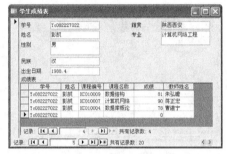

图 5.6　主/子窗体

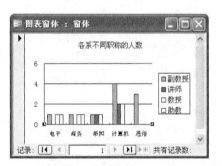

图 5.7　图表窗体

Access 2003 有 5 种窗体创建视图。
（1）"窗体"视图。
（2）"设计"视图。
（3）"数据表"视图。
（4）"数据透视表"视图。
（5）"数据透视图"视图。

5.2　使用向导创建窗体

可以利用 Access 2003 提供的多种向导简单、快速地创建窗体。

5.2.1　自动创建窗体

利用"自动创建窗体"向导所创建的窗体格式是由系统指定的。

1．自动窗体

自动窗体是创建具有数据维护功能窗体的快捷方式。这种窗体的布局简单，创建时要先选定数据表或查询表对象，可以快速创建所选数据源中数据的窗体，如图 5.8 所示。

图 5.8　自动窗体

2. 自动创建窗体

使用"自动创建窗体"向导，可以创建具有编辑数据功能的窗体。有纵栏式、表格式和数据表 3 种形式的窗体可以用此方式建立。

【例 5.1】 对"课程表"数据表，利用"自动创建窗体"向导创建一个纵栏式窗体。

解：

（1）在数据库主窗口中选择表对象，再选定"课程表"，单击工具栏上的"新对象"按钮，在打开的下拉列表中选择"窗体"选项，此时会显示如图 5.9 所示的"新建窗体"对话框。也可以在"窗体"对象下直接单击"新建"按钮。

（2）在对话框中的"请选择该对象数据的来源表或查询"下拉列表中选择"课程表"。

（3）选择"自动创建窗体：纵栏式"选项，单击"确定"按钮，此时屏幕会显示刚建"课程表"的窗体，如图 5.10 所示。

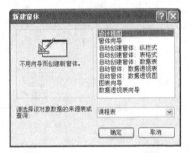

图 5.9 "新建窗体"对话框

图 5.10 "课程表"窗体

（4）单击"保存"按钮，在出现的"另存为"对话框的"窗体名称"文本框内输入新建窗体的名称，单击"确定"按钮，即完成了本次窗体的创建。

5.2.2 使用文件另存创建窗体

可以通过将文件另存来创建简单窗体。

【例 5.2】 利用另存为创建成绩表窗体。

解：

（1）打开相关数据库，选择表对象，再选择"成绩表"。

（2）选择"文件|另存为"菜单命令，打开"另存为"对话框。

（3）在"另存为"对话框的"保存类型"下拉列表中选择窗体。在上面的文本框中输入新窗体的名称或默认系统给的名称"成绩表的副本"，如图 5.11 所示。

（4）单击"确定"按钮，得到如图 5.12 所示窗体。

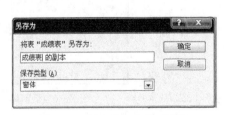

图 5.11 "另存为"窗体对话框

图 5.12 "另存为"创建的窗体

5.2.3 使用窗体向导创建窗体

"窗体向导"可以更灵活地展现数据源和窗体格式，可以选择窗体包含的字段个数。

1．创建单个数据源的窗体

创建过程如下。

（1）在"窗体"对象的主窗口中双击"使用向导创建窗体"选项。

（2）在出现的对话框中单击"表/查询"下拉列表框右侧的向下箭头，从中选择数据源，例如，"教师表"，再从左侧"可用字段"列表框中列出的所有字段中选取相关字段或全选。

（3）单击"下一步"按钮，在新出现的对话框中选择。例如，选取"纵栏表"单选按钮，此时可以在左侧看到所建窗体的布局，如图 5.13 所示。

（4）单击"下一步"按钮，打开下一个对话框，其右侧区域列出了窗体的一些样式。被选中的样式在左侧区域显示，如图 5.14 所示。

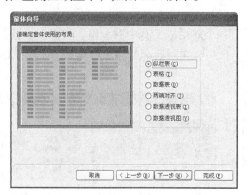

图 5.13 选择窗体布局

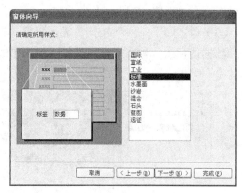

图 5.14 选择窗体样式

（5）单击"下一步"按钮，显示出下一个对话框。在指定标题框中输入一个标题，在下半区可以选择"打开窗体查看或输入信息"。如果要重新改动所设计的窗体，可以选择"修改窗体设计"，如图 5.15 所示。

（6）单击"完成"按钮，如果上一步选的是打开窗体查看，则显示如图 5.16 所示的结果。

图 5.15 "窗体向导"对话框

图 5.16 新创建的窗体

2．创建多个数据源的窗体

可用窗体向导创建主/子窗体，即可以从一个以上的数据源获取数据来构造窗体。但在主窗体与子窗体的两个数据源间必须先建有一对多的表间关系，可以是嵌入式子窗体，也可以是链接式子窗体。有如下 2 种方法创建这样的主/子窗体。

（1）同时创建主窗体和子窗体。

（2）将已存在的窗体作为子窗体添加到另一个已经建立好的主窗体中。

【例 5.3】 用学生表作为主窗体，成绩表作为子窗体，创建多个数据源的窗体。

解：

（1）打开相关数据库，选定"窗体"对象，选择"使用向导创建窗体"选项。打开"窗体向导"对话框，单击其中的"表/查询"下拉列表，选择"表：学生表"，单击">>"按钮，选择全部字段；然后单击"表/查询"下拉列表，从中选择"表：成绩表"，单击">>"按钮，选择所有字段。

（2）单击"下一步"按钮，显示下一个"窗体向导"对话框，选择"通过学生表"查看，下一步有"带有子窗体的窗体"单选按钮和"链接窗体"单选按钮 2 种选择来确定以何种方式确定主/子窗体，如图 5.17 所示。

（3）单击"下一步"按钮，显示出窗体向导下一个对话框，其中有表格、数据表、数据透视表和数据透视图 4 种布局可以选择。被选中的那个布局会在对话框的左半区显示，如图 5.18 中选择的是"数据表"。

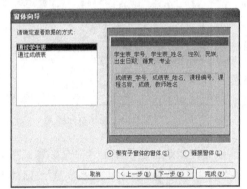
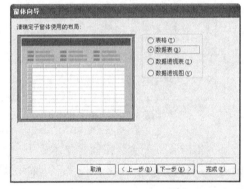

图 5.17　确定主/子窗体　　　　　　　　图 5.18　选择窗体布局

（4）单击"下一步"按钮，显示出窗体向导下一个对话框，其中列出了一些窗体的样式供选择。

（5）选定样式后单击"下一步"按钮，显示出窗体向导下一个对话框。可以输入主窗体标题名称和子窗体标题名称，单击"完成"按钮。此时屏幕上会根据上述第 2 步中选择的查看方式分别显示出如图 5.19 或图 5.20 所示的内容。

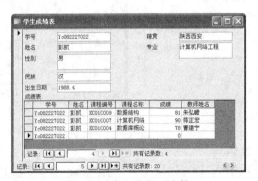

图 5.19　嵌入式主/子窗体

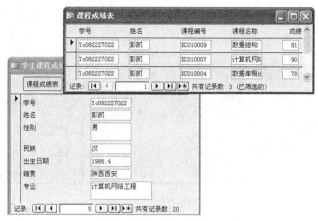

图 5.20　链接式主/子窗体

　　如果有 2 个具有一对多关系的表已经建立了表间关系，并且各自已经创建了窗体，可以把具有"多"端的窗体添加到具有"一"端的窗体中作为子窗体。操作简单，只要将子窗体直接拖动到主窗体中即可。

5.2.4　创建图表窗体

　　下面介绍用比较简单的方式创建有图表的窗体。

1．建立数据透视表窗体。

　　利用数据透视表可以重新动态布局，以不同的布局查看和分析数据。这种表可以直接进行数据计算和分析，并且根据更改的布局立即重新计算数据。

　　【例 5.4】　根据"教师表"创建以系别计算不同职称人数的数据透视表窗体。

　　解：

　　（1）打开相关数据库，选择"窗体"对象，单击"新建"按钮，打开"新建窗体"对话框，选择其中"自动窗体：数据透视表"，从"请选择该对象数据的来源表或查询"下拉列表里选择"教师表"，单击"确定"按钮。此时会显示"数据透视表"窗口，如图 5.21 所示。

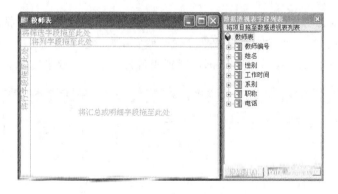

图 5.21　"数据透视表"窗口

　　（2）把"数据透视表字段列表"中的"系别"字段拖动到"行字段"区域，把"职称"字段拖动到"列字段"区域。再选择"教师编号"字段，在窗口的右下角下拉列表里选择"数据区域"，单击其右边的"添加到"按钮，此时在字段列表中新出现了"汇总"字段，其值是刚选的"教师编号"字段的计数。在数据区域的行列交叉位置会显示"教师编号"的计数值，即各系别（行）不同职称（列）的人数，如图 5.22 所示。

图 5.22　设置表的布局

2. 建立数据透视图窗体。

这是交互式的图表，功能与数据透视表相同，只是用图形化的方式显示数据，能够直观地反映数据间的关系。

如果对例 5.4 用数据透视图窗体表示，则操作步骤如下。

（1）打开相关数据库，选择"窗体"对象，打开"新建窗体"对话框，在其中选择"自动窗体：数据透视图"，再选择"教师表"。

（2）单击"确定"按钮，屏幕会出现"数据透视图"窗口，如图 5.23 所示。

图 5.23　"数据透视图"窗口

（3）把"图表字段列表"里的"系别"字段拖动到"分类字段"区域，把"职称"字段拖动到"系列字段"区域，再选择"教师编号"字段，然后在窗口右下角的下拉列表里选择"数据区域"，再单击其左边的"添加到"按钮，即可得到如图 5.24 所示的数据透视图。

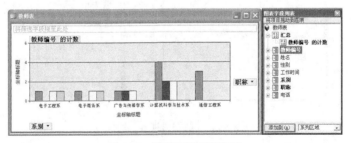

图 5.24　设置透视图的布局

3. 建立图表窗体

可以利用"图表向导"建立图表结合的窗体。对例 5.4 创建图表窗体的操作步骤如下。

（1）打开相关数据库，选择"窗体"对象，打开"新建窗体"对话框，在其中选择"图表向导"，再选择"教师表"。

（2）单击"确定"按钮，打开"图表向导"对话框，从"可用字段"列表里选择"系别"、"职称"和"教师编号"字段，放入"用于图表的字段"区域，如图 5.25 所示。

（3）单击"下一步"按钮，屏幕显示"图表向导"的下一个对话框，在其中选取图表类型。

（4）单击"下一步"按钮，屏幕显示"图表向导"的下一个对话框，根据提示可以调整图表的布局，如图 5.26 所示。

 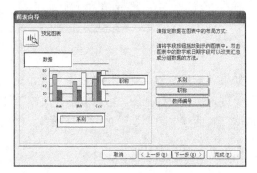

图 5.25　选取用于图表的字段　　　　图 5.26　调整图表布局

（5）单击"下一步"按钮，屏幕显示"图表向导"下一个对话框，在其中的"请指定图表的标题"文本框里输入图表的名称，然后单击"完成"按钮。

5.3　使用设计视图创建窗体

用设计视图与其他创建窗体的不同是，它既可以用于创建窗体，又可以用于修改窗体。可以在设计视图中为窗体指定数据源，利用"工具箱"向窗体中添加各种控件，进一步设置或修改控件对象的属性，调整窗体的设计布局，设定数据源与相关控件的绑定等。因此，多数情况下用设计视图来创建窗体。

5.3.1　窗体设计视图的组成

设计视图是设计窗体的界面，它由主体、窗体页眉、页面页眉、页面页脚和窗体页脚 5 个节组成，如图 5.27 所示。

图 5.27　窗体设计视图的组成

通常情况下设计视图只显示主体节。如图 5.28 所示。

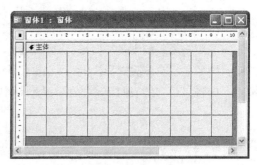

图 5.28　主体节

如果需要其他节，要使用"视图"菜单中的命令选择。

要进入窗体设计视图，可以双击"窗体"对象中的"在设计视图下创建窗体"，或者选择"新建窗体"对话框中的"设计视图"选项。

5.3.2　窗体设计工具

可以借助系统提供的工具，方便地设计窗体的各个部分。

1．工具栏

当进入窗体设计视图后，"窗体设计"工具栏随之出现在屏幕上，这是一些最常用的工具，如图 5.29 所示。

图 5.29　窗体设计工具栏

以下是工具栏的常用按钮及其功能。

（1）视图 ：单击该按钮可以在窗体视图与设计视图之间切换，单击右侧向下箭头下拉列表中选择其他视图。

（2）字段列表 ：单击显示相关数据源中的所有字段。

（3）工具箱 ：打开或关闭工具箱。

（4）自动套用格式 ：打开一个自动套用窗体格式的对话框，可为当前窗体选择其中样式。

（5）代码 ：进入 VBA 窗口，显示或编辑代码。

（6）属性 ：打开或者关闭属性对话框。

（7）生成器 ：打开或者关闭生成器对话框，可以在其中选择需要打开的生成器对话框类型。

如果要隐藏或显示"窗体设计"工具栏，可从主窗口的"视图"菜单选择"工具栏"子菜单实现。

2．工具箱

工具箱中包含各种功能的控件按钮，可以向正在创建的窗体中添加所需的控件以丰富窗体的功能。单击工具栏上"工具箱"按钮或单击"视图"菜单选择"工具箱"命令来打开工具箱，如图 5.30 所示。

图 5.30　工具箱

以下是工具箱中的 20 个控件及其功能。

（1）选择对象▣：在窗体中选择控件、节或窗体等对象。

（2）控件向导➚：打开或关闭控件向导，可以用于在添加控件的同时启动控件向导进一步设置控件的属性。

（3）标签 Aa：用于在窗体中显示标题等固定的文本信息。

（4）文本框 ab：生成一个文本框，用于输入、显示或编辑数据，显示计算结果。

（5）选项组 ⌐：可与其他按钮搭配使用，包含一组控件。

（6）切换按钮 ≠：生成一个"是/否"的双态控件。

（7）选项按钮 ◉：产生一个选择"是/否"的单选按钮。

（8）复选框 ☑：可以对多项"是/否"数据进行共存选择。

（9）组合框 ▤：是文本框和列表框的组合，可以有多个数据列，可以在列表中选择数据或者输入数据。

（10）列表框 ▤：可以在产生的列表框中显示可滚动的数值列表，可以从列表中选择值输入记录，也可以更改现有记录中的值。

（11）命令按钮 ▭：产生命令按钮，可以完成各种操作。

（12）图像 ▨：用于在窗体中显示一个静态图片。

（13）未绑定对象框 ▧：用于在窗体中显示未绑定的 OLE 对象，如图像、声音、表格等。

（14）绑定对象框 ▨：在窗体或报表上显示 OLE 对象，针对的是保存在窗体或报表基础记录源字段中的对象。当不同的记录移动时，相应对象将显示在窗体或报表上。

（15）分页符 ▤：用于定义多页窗体的分页。

（16）选项卡控件 ▭：用于产生含有多个选项卡的窗体，可以在选项卡控件上复制或添加其他控件。

（17）子窗体/子报表 ▣：产生与当前窗体相关的子窗体或子报表。

（18）直线 ＼：用于在窗体中画直线，可以突出相关重要的信息。

（19）矩形 ▢：用于在窗体中画矩形，可以将相关的一组控件或对象组织在一起。

（20）其他控件 ▒：单击可以从中选取需要的控件源，加到当前窗体。

3. 属性对话框

可以利用属性对话框来设定窗体和控件的属性。该对话框含有 5 个选项卡：格式、数据、事件、其他和全部。通过对这些属性的设置和修改来完善对窗体的设计。单击工具栏"属性"按钮或"视图|属性"选项，可以打开"属性"对话框，如图 5.31 所示。

其左上方的下拉列表是当前窗体中所有对象的列表，供用户选择要设置属性的对象。

图 5.31 "选项卡控件"对话框

对话框中 5 个选项卡的基本作用如下。

（1）"格式"：主要包含窗体或控件的外观属性

（2）"数据"：包含了与数据源、数据操作相关的属性。

（3）"事件"：包含了窗体或当前控件能够响应的事件。

（4）"其他"：包含了名称、制表符等其他属性。

（5）"全部"：用于显示和设置所选对象的全部属性。

5.4 窗体控件及其使用

5.4.1 控件的功能

帮助窗体进行数据的各种显示、操作的执行和窗体的修饰的对象都可以称作控件，比如设置"文本框"控件可在窗体中显示、输入或编辑数据。

控件有绑定型、未绑定型和计算型 3 种类型，其作用分别如下。

（1）绑定型控件主要用于显示、输入或更新数据库中已存在的字段。

（2）未绑定型控件在数据库中无数据源，可以用于显示其他来源的数据。

（3）计算型控件的数据来源是利用窗体或报表所引用的数据源字段中的数据、其他控件中的数据，并利用这些数据构成的表达式作为计算数据源。

控件被安排在窗体中用户认为合适的位置，如图 5.32 所示。

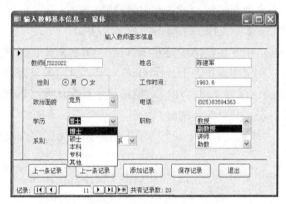

图 5.32　常用控件例

5.4.2 设计视图中针对控件的基本操作

窗体的布局中控件的分布是一个重要的组成部分。

1. 选定控件

单击窗体中的控件，控件四周会出现 8 个黑色控点，表示该控件已被选定。若需取消选定，在该控件外单击。对控件实施其他操作之前，都要先行选定该控件。

2. 移动控件

（1）直接拖动已经选取的控件至相应位置。

（2）如果选取了多个控件，当光标指针的形状调为五指张开的手掌，此时可拖移所有捆绑的控件；如果只要移动捆绑控件中的一个，要把光标移到该控件的左上角，将光标调为食指向上的手状。

（3）选取控件后，按 4 个方向的光标键，可以移动该控件。

（4）先按住 Ctrl 键，再同时按光标键，可以微调控件。

3. 改变控件的大小

选定控件后,可以把光标指向该控件除左上角控点外的其余 7 个控点上,指针变为双向箭头。此时拖动即可在相应方向调节控件的大小。另可以按住 Shift 键,同时用键盘上的 4 个方向键进行相应微调。

4. 多个控件的对齐

先行选定要对齐的若干控件,用鼠标右键单击要对齐的某一控件,在出现的快捷菜单中选择"对齐"选项,然后再选择对齐的上、下、左、右方向。

5. 删除控件

对于选定的控件,按 Del 键即能删除它。

6. 复制控件

选定控件后,用鼠标右键单击要复制的控件,在出现的快捷菜单中选择"复制"菜单项,然后到目标处再次单击鼠标右键,在出现的快捷菜单中选择"粘贴"即可。

5.4.3　控件的使用

系统提供的各种控件,可以在窗体"设计"视图中使用,以添加各种相应的功能,丰富窗体设计。

1. 使用绑定型文本框控件

(1)打开相关数据库,选择"窗体"对象,单击"新建"按钮,打开"新建窗体"对话框,选择其中"设计视图"选项,在"请选择该对象数据的来源表或查询"列表里选择一个数据源,比如教师表,然后单击"确定"按钮。

(2)在打开的窗体"设计"视图中单击工具栏上的"字段列表"按钮,显示字段列表。

(3)将要选择的字段依次拖动到窗体适当的位置,即可以在窗体中建立绑定型文本框,如图 5.33 所示。

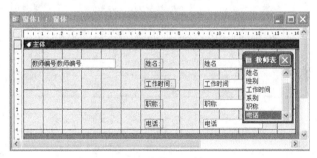

图 5.33　绑定型文本框

2. 使用绑定型列表框控件

"列表框"有绑定型和未绑定型之分。可以利用向导创建"列表框",也可以在窗体"设计"视图中创建。以下为利用向导创建绑定型的"职称"列表框。

(1)进入相关窗体"设计"视图,单击"列表框"工具按钮,在窗体中将光标移到要放置列表框的位置并单击,这样会显示"列表框向导"对话框,此时有 2 种选择。

①"使用列表框在表或查询中查阅数值"单选按钮,则会在之后所建列表框中显示所选表的相应值。

②"自行输入所需的值"单选按钮,则会在之后所建列表框中显示用户输入的值。

（2）单击"下一步"按钮，打开下一个对话框，在"第1列"列表中依次输入"教授"、"副教授"等值。每输入一个值，按 Tab 键分隔。

（3）单击"下一步"按钮，打开下一个对话框，选中"将该数值保存在这个字段中"单选按钮，再单击右侧框中的向下箭头，在下拉列表中选择"职称"字段，如图 5.34 所示。

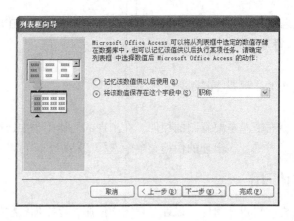

图 5.34　选定"职称"字段

（4）单击"下一步"按钮，在"请为列表框指定标签"文本框中输入"职称:"作为名称，再单击"完成"按钮，结果如图 5.35 所示。

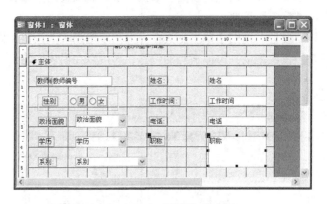

图 5.35　建立"职称"列表框

3. 建立命令按钮控件

当单击命令按钮时，可以对应完成该命令所指的某一特定的工作。

【例 5.5】　在某一设计视图中，使用"命令按钮向导"建立"添加记录"命令按钮控件。

解：

（1）打开相关数据库，选择"窗体"对象，选择进入已经存在的一个教师窗体。单击"命令按钮"，将光标移到要放置控件的位置并单击，此时显示"命令按钮向导"对话框。

（2）在"类别"列表框中有可供选择的多个操作类别，它们分别对应各种不同的操作。在"类别"区内选择"记录操作"，再在"操作"区内选择"添加新记录"，如图 5.36 所示。

（3）单击"下一步"按钮，显示下一个对话框，选中"文本"单选按钮，在其右侧的文本框内输入文字"添加记录"，如图 5.37 所示。

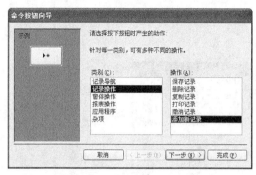

图 5.36　选择"类别"与"操作"

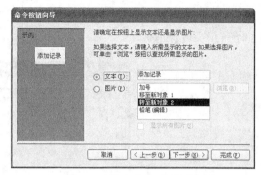

图 5.37　输入命令"添加记录"

（4）单击"下一步"按钮，显示下一个对话框，在其中为创建的控件命名，然后单击"完成"按钮，如图 5.38 所示。

（5）单击"窗体视图"按钮，此时显示如图 5.39 所示的创建结果。

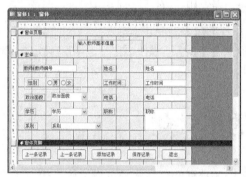

图 5.38　完成命令按钮的建立

图 5.39　添加命令按钮控件的结果

4. 建立选项卡控件

可以让设计的窗体包含 2 部分内容，分别用 2 页表示。此时可以创建选项卡，让操作者选择分别显示 2 页的内容，操作步骤如下。

（1）打开相关数据库，选择"窗体"对象，再选择"在设计视图中创建窗体"选项，进入窗体"设计"视图，按下工具箱中的"控件向导"工具按钮。

（2）选择"选项卡控件"按钮，将光标移到要放置"选项卡"的位置，单击并调整尺寸。单击工具栏中的"属性"按钮，单击选项卡"页 1"。

（3）在显示的"属性"对话框中单击"格式"选项卡，在"标题"属性行中输入第一个标题，比如"学生信息统计"，如图 5.40 所示。

图 5.40　页格式属性设计

（4）单击选项卡"页2"，按上述方法设置"页2"的"标题"格式属性，然后关闭页窗口。图 5.41 所示为设置结果。

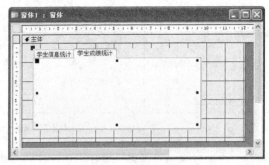

图 5.41　已建立的选项卡

5. 建立图像控件

通过建立图像控件，可以在窗体中显示位于磁盘上的图片文件，方法如下。

（1）选择图像按钮，将鼠标移到窗体中要放置图片的位置并单击。

（2）打开"插入图片"对话框，在对话框中选取磁盘上的某个图片文件，单击"确定"按钮，则会在相应窗体位置显示相应图像。

5.5　窗体的格式化

除了对窗体中的各种功能进行设置，对于窗体中的控件和窗体本身可做一些格式方面的设置，尽量做到布局合理，以方便使用。

5.5.1　常见的格式属性

系统提供了一些格式属性，用于设定窗体和控件的显示格式。控件的格式属性主要包含标题、字体、字号、背景色等。比如控件中的"标题"属性用于设置所显示的文字，而"特殊效果"属性用于设置控件的显示效果。

5.5.2　自动套用格式

窗体的自动套用格式是系统提供了一些固定格式的窗体给用户选择，一般的操作步骤如下。

（1）先利用窗体"设计"视图，打开要格式化的窗体。

（2）选择"格式"菜单中的"自动套用格式"命令，也可以直接单击工具栏中的"自动套用格式"按钮，显示"自动套用格式"对话框，如图 5.42 所示。

（3）从"窗体自动套用格式"列表中选取需要的格式，旁边的预览区域会显示相关样式的格式。

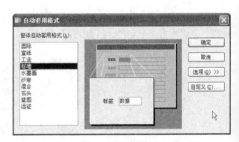

图 5.42　"自动套用格式"对话框

（4）选择"选项"按钮，此时对话框下部出现"字体"、"颜色"和"边框"3 个选择，可以

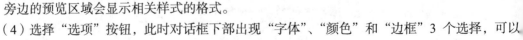

部分或全部选取，如图 5.43 所示。

（5）单击"自定义"按钮，显示如图 5.44 所示的"自定义自动套用格式"对话框。

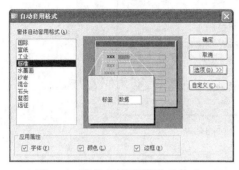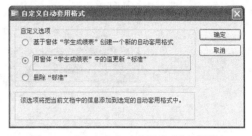

图 5.43　带有"应用属性"的格式　　　　图 5.44　"自定义自动套用格式"对话框

（6）选取"自定义选项"组中的某一个选项，可以把当时窗体中的样式添加到自动套用格式中。

（7）单击"确定"按钮，完成格式套用。也可以单击"取消"按钮，不做选择。

5.5.3　条件格式

条件格式指可以根据控件的值，确定某个条件来设置相应的显示格式。

【例 5.6】在学生成绩表窗体中，利用条件格式，使得子窗体中 60 分以下的成绩用红色显示，60～89 分用蓝色显示，90 分及以上用绿色显示。

解：

（1）打开相关数据库，进入窗体的设计视图，选择学生成绩表窗体（假设其中已经设有成绩显示子窗体），选取子窗体中绑定"成绩"字段的文本框控件。

（2）在"格式"菜单中选择"条件格式"命令，屏幕显示出"设置条件格式"对话框。

（3）在对话框的"条件 1"栏中设置字段的条件为小于 60，当满足该条件时成绩数据的显示颜色为红色，单击"添加"按钮；在"条件 2"栏中设置条件为大于或等于 90，满足条件时成绩数据显示为绿色，单击"添加"按钮；在"条件 3"栏中设置条件为介于 60 与 89，满足条件时成绩数据显示为蓝色，单击"添加"按钮，如图 5.45 所示。

（4）单击"确定"按钮，再转换到"窗体"视图，得到如图 5.46 所示结果。

图 5.45　设置条件及显示格式

图 5.46 根据条件显示的结果

本章小结

本章介绍了 Access 2003 的窗体设计。窗体是重要的人机交互界面，它提供了丰富的浏览和编辑功能。系统提供的各类控件给予窗体强有力的支持。窗体还可以控制应用程序的流程，主要内容如下。

1. 窗体主要由窗体页眉、页面页眉、主体、页面页脚和窗体页脚 5 个部分组成。

2. 窗体的作用主要有：

（1）输入数据；

（2）编辑与显示数据；

（3）打印数据；

（4）控制应用程序流程；

（5）自定义对话框。

3. 窗体有 7 种类型：

（1）纵栏式；

（2）数据表；

（3）表格式；

（4）数据透视表；

（5）数据透视图；

（6）主/子窗体；

（7）图表。

4. 有窗体、设计、数据表、数据透视表和数据透视图 5 种窗体创建视图。

5. 使用向导创建窗体简单、快捷，但功能不全。

6. 使用设计视图创建窗体既能建立窗体，又能修改窗体，可以方便地为窗体添加各类控件、进行属性设置，可以借助系统提供的工具来设计窗体。

7. 属性对话框中有格式、数据、事件、其他和全部 5 个选项卡，供有针对性地设置相应属性。

8. 控件帮助窗体进行数据的各种显示、操作的执行和窗体的修饰。

9. 控件有绑定型控件、未绑定型控件和计算型控件 3 种类型。

10. 设计视图中有 6 种针对控件的基本操作:

（1）选定控件;

（2）移动控件;

（3）多个控件的对齐;

（4）改变控件的大小;

（5）删除控件;

（6）复制控件。

11. 窗体的格式化,指可以对于窗体及其中的控件本身做些格式方面的设置,主要有标题、字体、字号、背景色、特殊效果处理等。常用自动套用格式和条件设置格式来进行处理。

习　　题

一、概念与问答题

1. 描述窗体的主要作用。

2. 有哪些方法可以建立窗体?

3. 窗体有哪些节,各自的用途是什么?

4. 简单描述组合框与列表框的异同。

5. 复选框与选项按钮有何异同?

6. 主、子窗体的数据源有什么关系? 怎样创建带有子窗体的窗体?

7. 怎样创建和使用控件?

8. 如何实现在设计视图中对控件的基本操作?

9. 常用什么方法设置窗体的格式,如何设置?

10. 什么是创建多个数据源的窗体,有何前提条件,采用什么方法?

二、是非判断题

1. 利用自动建立窗体功能,可以快速完成登录数据的窗体。(　　　)

2. 不可以直接在窗体输入数据,要用插入对象的方法实现。(　　　)

3. 使用窗体向导建立的窗体,不能再删除或插入控件。(　　　)

4. 在窗体中不能同时编辑一个以上的数据表。(　　　)

5. 在用窗体向导建立窗体时,可以设定要显示的字段名称。(　　　)

6. 窗体要通过其他数据源创建,它本身并不存储数据。(　　　)

7. 表格式窗体一屏只能显示一条记录。(　　　)

8. 主/子窗体的数据源表具有一对多关系。(　　　)

9. 不可以用文件"另存为"来创建简单窗体。(　　　)

10. 利用图像控件,可以在窗体中显示图片文件。(　　　)

三、选择题

1. 要改变某控件的名称,应该选取其属性选项卡的_____页。

　　（A）事件　　　　　　　　　（B）格式

　　（C）其他　　　　　　　　　（D）数据

2. 在窗体中，用来输入和编辑字段数据的交互控件是_____。

（A）复选框控件 　　　　　　　（B）列表框

（C）文本框 　　　　　　　　　（D）标签

3. 在设计视图中创建窗体时，Access 提供的设计工具包括_____。

（A）窗体设计工具栏 　　　　　（B）工具箱

（C）属性对话框 　　　　　　　（D）切换面板窗体

4. 要设置主、子窗体的自动链接，应该选取子窗体属性选项卡的_____页。

（A）其他 　　　　　　　　　　（B）事件

（C）格式 　　　　　　　　　　（D）数据

5. 在 Access 中已建立了"雇员"表，其中有可以存放照片的字段，在使用向导为该表创建窗体时，"照片"字段所使用的默认控件是_____。

（A）复选框控件 　　　　　　　（B）列表框

（C）文本框 　　　　　　　　　（D）标签

6. 使用_____创建的窗体灵活性最小。

（A）自动创建窗体 　　　　　　（B）窗体向导

（C）窗体视图 　　　　　　　　（D）设计视图

7. 不能输出图片的窗体控件是_____。

（A）未绑定对象框 　　　　　　（B）绑定对象框

（C）文本框 　　　　　　　　　（D）图像

8. 用来显示与窗体关联的表或查询中字段值的控件类型是_____。

（A）关联型 　　　　　　　　　（B）未绑定型

（C）计算型 　　　　　　　　　（D）绑定型

9. 通过修改_____，可以改变窗体或控件的外观。

（A）控件 　　　　　　　　　　（B）属性

（C）设计 　　　　　　　　　　（D）窗体

10. 能够接收"数据"的窗体控件是_____。

（A）命令按钮 　　　　　　　　（B）图形

（C）标签 　　　　　　　　　　（D）文本框

11. 要改变窗体上文本框控件的数据源，应设置的属性是_____。

（A）控件来源 　　　　　　　　（B）默认值

（C）记录源 　　　　　　　　　（D）筛选查阅

12. _____节在窗体每页的顶部显示信息。

（A）控件页面 　　　　　　　　（B）页面页眉

（C）主体 　　　　　　　　　　（D）窗体页面

13. 既可以直接输入文字，又可以从列表中选择输入项的控件是_____。

（A）组合框 　　　　　　　　　（B）列表框

（C）文本框 　　　　　　　　　（D）选项框

14. 若要修改窗体的标题栏文字，应设置窗体的_____属性。

（A）标签 　　　　　　　　　　（B）名称

（C）标题 　　　　　　　　　　（D）以上都对

15. 在窗体设计视图中，必须包含的部分是_____。
    （A）主体
    （B）页面页眉和页脚
    （C）窗体页眉和页脚
    （D）以上 3 项都包括

16. 为窗体上的控件设置 Tab 键的顺序，应选择属性表中的_____。
    （A）事件选项卡
    （B）其他选项卡
    （C）格式选项卡
    （D）数据选项卡

17. 若要快速调整空间格式，如字体大小、颜色等，可使用_____。
    （A）"格式"工具条
    （B）字段列表
    （C）工具箱
    （D）自动格式设置

18. 在创建窗体时，用_____控件创建的对象可用来保存不希望改动的文本。
    （A）文本框
    （B）组合框
    （C）标签
    （D）列表框

19. 下面不是窗体的"数据"属性的是_____。
    （A）记录源
    （B）自动居中
    （C）允许添加
    （D）排序依据

20. 在设计窗体时，从"字段列表"框中向窗体内拖入一个是/否型字段，将自动生成一个_____控件。
    （A）复选框
    （B）切换按钮
    （C）选项按钮
    （D）文本框

21. 要在窗体首页使用标题，应在窗体页眉添加_____控件。
    （A）文本框
    （B）选项框
    （C）图片
    （D）标签

22. 子窗体向导创建的默认窗体布局是_____。
    （A）表格式
    （B）纵栏式
    （C）图表式
    （D）数据表式

23. 以下哪个不是窗体的组成部分_____？
    （A）窗体页眉
    （B）主体
    （C）窗体设计器
    （D）窗体页脚

24. 新建窗体的记录来源是_____。
    （A）数据表和查询
    （B）查询
    （C）数据表和窗体
    （D）数据表

25. 如果要在文本框内输入身份证号后，光标可立即移至下一指定文本框，应设置_____属性。
    （A）可以扩大
    （B）Tab 键索引
    （C）自动 Tab 键
    （D）制表位

26. 使用窗体设计视图，可以创建_____。
    （A）切换面板窗体
    （B）自定义对话框
    （C）数据操作窗体
    （D）以上都对

27. 在数据透视表中，显示数据的位置为_____。
    （A）行区域　　　（B）筛选区域　　　（C）数据区域　　　（D）列区域

四、填空题

1. 窗体属性对话框中有_____、_____、_____、_____、_____选项卡。

2. 窗体的数据源可以是_____或者_____。

3. 组合框和列表框都可以从列表中选择值，相比较而言，_____占用窗体空间多；_____不仅可以选择，还可以输入新的文本。

4. 在窗体设计窗口选取对象后，使用 4 个方向键可对其进行移动，若按住_____键，再使用 4 个方向键，可对其大小进行微调。

5. 在默认情况下，窗体设计视图内有一个_____节，这是设计具体窗体内容的地方。选择_____菜单下的_____命令。则可在设计视图内添加"窗体页眉"节和"窗体页脚"节。

6. 在窗体中添加控件的方法是，选定窗体控件工具栏某一控件按钮，然后在窗体相应位置_____，便可添加一个选定的控件。

7. Access 的窗体对象具有 5 种创建窗体视图类型。分别为_____、_____、_____、数据透视表视图和数据透视图视图。

8. 窗体是用户对数据中数据进行操作的理想的_____。

9. 在表格式窗体、纵栏式窗体和数据表窗体中，将窗体最大化后显示记录最多的窗体是_____。

10. Access 的提供了多种创建窗体的方式，可以利用_____快速创建简单的窗体，也可以在_____引导下快速创建窗体，还可以使用_____来灵活地创建具有个性的或较为复杂的窗体。

11. 利用系统菜单_____菜单栏中的命令，可以对选定的控件进行居中、对齐等多种操作。

12. 添加到窗体中的控件可分为绑定控件与未绑定控件两种，所谓绑定控件是指_____。向窗体中添加绑定控件的前提是先为窗体指定一个_____。

13. 窗体属性决定了窗体的_____、_____以及窗体的数据来源。

14. 在设计视图中创建窗体，其过程通常是窗体中添加各种所需的_____，然后调整它们的大小与位置，并设置其相关的各种_____。

15. 使用"自动创建窗体"，可以创建_____、_____、_____的窗体。但如果想要创建基于多表的窗体，则应该使用_____或先建立基于多表的查询作为数据源。

16. 在 Access 数据库中，如果窗体上输入的数据总是取自表或查询中的字段数据，或者取自某固定内容的数据，可以使用_____控件来完成。

17. 用鼠标将"工具箱"中的任意一个_____拖动到窗体中，将在窗体中添加一个新的控件，用户只有对新控件的_____加以设置，窗体的控件才能发挥其应有的应用。

18. 在创建主/子窗体之前，必须设置_____之间的关系。

19. 能够唯一表识某一控件的属性是_____。

20. 窗体中的控件依据与数据的关系可以分为 3 个类型，分别是_____、_____、_____。

第6章
报表

报表和窗体类似,是 Access 2003 的一种对象,其数据来源于数据表或查询。但报表只能对数据进行显示和打印,不能输入数据。用户可以在设计报表时做一些分组、统计、汇总、加入图片和表格等。

6.1 报表的基本概念

报表是将数据库中处理的结果以生动的形式打印出来的有效方式。

报表和窗体都可以加入一些控件,提供了相应的处理数据的方法。但是,这2种对象有所区别:报表只能调用、显示和打印数据,而窗体不但可以调用、显示,还可以修改数据源中的数据。另外,窗体是交互式界面,具有数据输入和编辑功能,而报表不具有交互性。

6.1.1 报表的构成

报表由报表页眉、页面页眉、主体、页面页脚和报表页脚 5 个"节"构成,每个"节"都有其特定的功能,如图 6.1 所示。

图 6.1 报表的设计视图

1. 报表页眉

在一个报表中,报表页眉只能置于报表的顶端,且只出现一次或不出现。该节存放报表标题或关于报表的说明性文字。

2. 页面页眉

页面页眉可出现在报表每一页的顶部,可放置各字段的标题等信息。

3. 主体

主体是报表的主要组成部分，是每个报表都必须有的节，其中放置设计的详细信息，在主体中。可以使用计算字段对每行输出数据进行某种运算。

4. 页面页脚

页面页脚放在报表每一页的底部，用于显示页码等信息。

5. 报表页脚

报表页脚位于报表的最后一条记录之后，用于放置报表的统计数据或说明性文字等信息。它只能出现一次或不出现。

6.1.2 报表的类型

报表主要有纵栏式报表、表格式报表、图表式报表和标签式报表 4 种类型。

1. 纵栏式报表

纵栏式报表也叫窗体报表，其中每条记录的各个字段自上到下按行排列，适合于记录较少、字段较多的报表，如图 6.2 所示。

2. 表格式报表

表格式报表类似于数据表的格式，显示报表数据源的每条记录的详细信息。一条记录的内容显示在同一行，从上到下显示多条记录，适合于一般情况，比较紧凑，如图 6.3 所示。

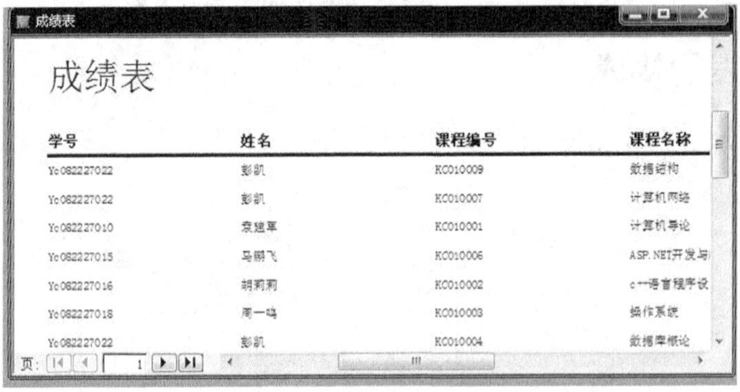

图 6.2　纵栏式报表

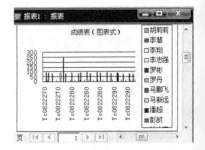

图 6.3　表格式报表

3. 图表式报表

图表式报表是将报表数据源中的数据以图形的方式表示，比较直观清晰，常用于进行分类、统计和汇总。Access 2003 提供了包括折线图、柱形图、饼图、环形图、三维条形图等多种图表，如图 6.4 所示。

4. 标签式报表

标签式报表通常用于打印信封、名片、邀请函、书签等特殊情况。可以在小范围内安排一些特别的格式，如图 6.5 所示。

图 6.4　图表式报表

图 6.5　标签式报表

6.1.3　报表的视图分类

Access 2003 数据库为报表提供了设计视图、打印预览视图和版面预览视图 3 种视图。

可以单击数据库工具栏上的"设计"按钮或"预览"按钮，选择报表的设计视图或打印预览视图，也可以在"报表"工具栏中单击"视图"按钮右边的三角按钮，在显示的下拉菜单中选择"设计视图"、"打印预览"或者"版面预览"，如图 6.6 所示。

利用设计视图可以创建报表或修改已有报表的结构。图 6.1 所示也是报表的设计视图。

对已经创建的报表，可在打印预览视图或版面预览视图中对其进 图 6.6　可选择 3 种报表视图
行预览，并可应用放大镜工具来放大或缩小版面。版面预览视图用于查看报表版面的设置及打印效果；打印预览视图不仅可以预览打印效果，还可以检查打印输出的全部数据，如图 6.7 所示。

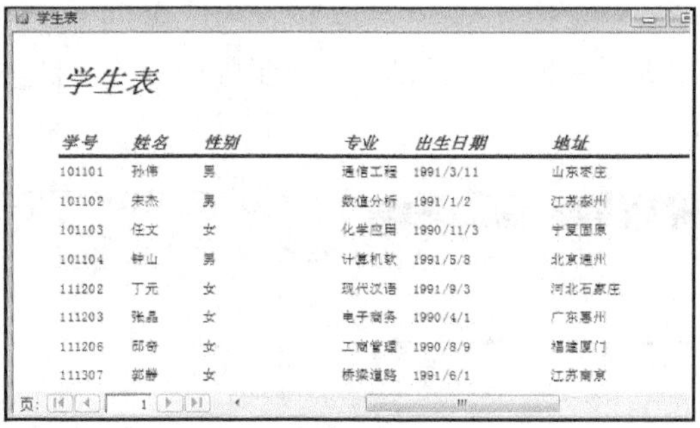

图 6.7　报表的打印预览视图

6.2　根据系统引导创建报表

创建报表主要是使用控件来组织和处理数据的，与创建窗体有类似之处。创建一个报表，就是在报表中添加控件、安排报表样式等。

Access 2003 提供了自动创建报表、使用报表向导创建报表和使用设计视图创建报表等多种创建报表的方法。

6.2.1 自动创建报表

利用"自动创建报表"功能，可以快速创建报表类型为纵栏式或表格式的报表。设计时先选择表或查询，作为报表的数据源，用此方法系统会自动生成一个包含数据源所有记录的报表。

【例 6.1】 在"教学管理"数据库中使用"自动创建报表"创建名为"学生表"的表格式报表。

解：

（1）打开"教学管理"数据库，在该数据库窗口中选定"对象"为"报表"。然后单击数据库窗口工具栏上的"新建"按钮，显示出如图 6.8 所示对话框。

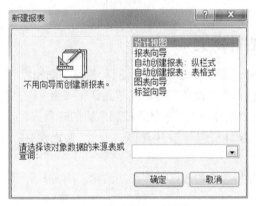

图 6.8 "新建报表"对话框

（2）在"新建报表"对话框中，选择"自动创建报表：表格式"选项，在下方的下拉列表中选择"学生表"表。

（3）单击"确定"按钮，完成表格式报表创建，也可以选择保存，在提示框中输入名称，单击"确定"即可，结果如图 6.9 所示。

可以用类似的方法创建纵栏式报表，只是在上述步骤中选择"自动创建报表：纵栏式"选项即可，结果如图 6.10 所示。

图 6.9 例 6.1 设计结果　　　　图 6.10 纵栏式学生表报表

6.2.2 使用"报表向导"建立报表

自动创建报表简单、快捷，但式样固定，不能选择要打印的字段。而使用"报表向导"建立报表，可以根据用户的需要，选择报表的布局、样式和要打印的范围。

【例 6.2】 创建以"教学管理"数据库中 3 个表作为数据源，显示每个学生各门课成绩的表格式报表。

解：

（1）打开"教学管理"数据库，选择数据库窗口中的"报表"对象，然后单击工具栏上的"新建"按钮，显示"新建报表"对话框，如图 6.8 所示。

（2）选择对话框中的"报表向导"选项，然后单击"确定"按钮。

（3）在出现的"报表向导"对话框中确定报表要使用的字段，可从多个表或查询中选取。本例选取"学生表"中的"学号"、"姓名"字段，"成绩表"中的"成绩"字段，"课程表"中的"课程名称"字段，如图 6.11 所示。

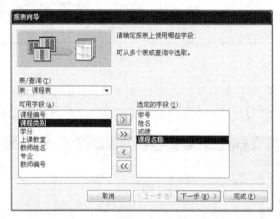

图 6.11　"报表向导"对话框 1

（4）单击"下一步"按钮，在弹出的如图 6.12 所示的对话框中确定查看数据的方式。当选定的字段来自多个数据源时，"报表向导"才会出现这样的步骤。选择"通过成绩表"查看数据，单击"下一步"按钮。

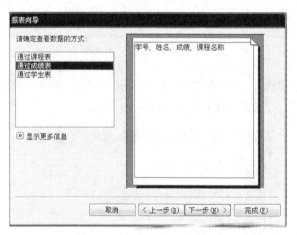

图 6.12　"报表向导"对话框 2

（5）在如图 6.13 所示的对话框中确定是否添加分组级别。是否需要分组根据数据源中的记录结构及报表的具体要求决定。如果数据来自单一的数据源，往往需要分组；在本例中，输出数据来自多个数据源，已经选择了查看数据的方式，已经确立了一种分组形式，即按 "学号+姓名+成绩+课程名称"组合字段分组，因此不用再分组。

图 6.13　"报表向导"对话框 3

（6）单击"下一步"按钮，在出现的如图 6.14 所示的对话框中选择排序次序和汇总信息，最多可以按 4 个字段对记录进行排序。本例选择按"学号"、"姓名"和"成绩"升序排序。

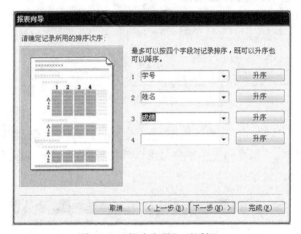

图 6.14　"报表向导"对话框 4

（7）单击"下一步"按钮，在出现的如图 6.15 所示的对话框中确定报表的布局。布局选择"表格"，方向选择"纵向"，在预览框中可以看到布局的效果。

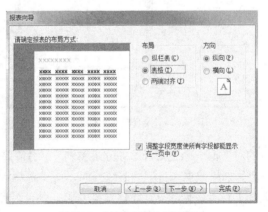

图 6.15　"报表向导"对话框 5

（8）单击"下一步"按钮，在出现的如图 6.16 所示的对话框中确定报表的样式。选择"组织"样式，在预览框可查看样式效果。

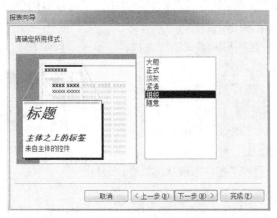

图 6.16　"报表向导"对话框 6

（9）单击"下一步"按钮，在出现的如图 6.17 所示的对话框中输入报表的标题"成绩表"，并选择生成报表后要执行的操作为"预览报表"。

图 6.17　"报表向导"对话框 7

（10）单击"完成"按钮，显示所建报表的打印预览效果，如图 6.18 所示。

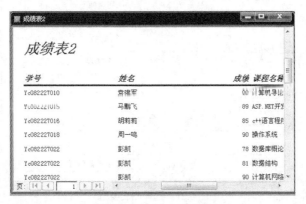

图 6.18　例 6.2 生成报表

6.2.3　使用"图表向导"建立图表报表

使用 Access 2003 的"图表向导"可以将数据源中指定的数据用多种图表的方式来显示。"图表向导"只能处理单一数据源中的数据。

【例 6.3】 创建一个三维柱形图形式的图表报表，显示"操作系统"课程的成绩。

解：

（1）先从成绩表生成"操作系统成绩"查询表，如图 6.19 所示。

（2）选择相关数据库的"报表"对象，再单击"新建"按钮，然后在"新建报表"对话框中选择"图表向导"，在数据源下拉列表中选择"操作系统成绩"查询表数据源，单击"确定"按钮。

图 6.19　"操作系统成绩"查询表

（3）在"图表向导"对话框中选择用于图表中的字段。本例从"可用字段"区域选择"姓名"、"课程名称"和"成绩"字段，放入用于图表的字段，如图 6.20 所示。

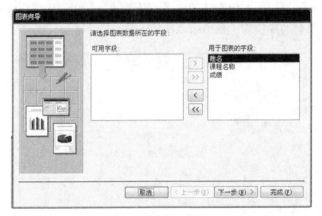

图 6.20　选择图表字段

（4）单击"下一步"按钮，在显示的对话框中选择"三维柱形图"的图表类型，如图 6.21 所示。

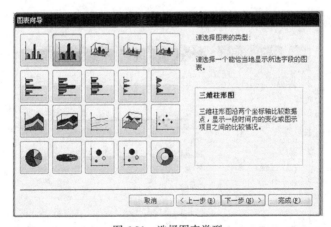

图 6.21　选择图表类型

（5）单击"下一步"按钮，在显示的对话框中指定图表中数据的布局方式，如图 6.22 所示。此时可以将右半区的字段拖动到左半区的若干矩形框中，然后双击各矩形框，从随即显示的汇总、分组数据方式中进行选择。本例选择其中的"无"，不进行汇总，在系列框中不放字段。此时，可以单击左上角的"预览图表"按钮，对所建的图表进行预览。

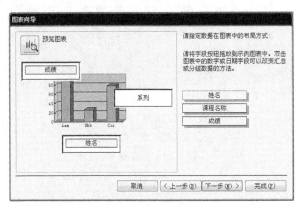

图 6.22　指定布局方式

（6）单击"下一步"按钮，在显示的对话框中输入图表的标题"操作系统成绩"，再选择"打开报表并在其上显示图表"，如图 6.23 所示。也可以选择"修改报表或图表的设计"准备修改。

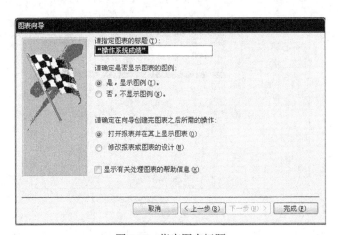

图 6.23　指定图表标题

（7）单击"完成"按钮，得到如图 6.24 所示的结果。

6.2.4　使用"标签向导"建立报表

实际应用中常会用到标签，如价格标签、邮件标签等。Access 2003 的"标签向导"可以方便地将数据源中的数据设计成标签形式，并按照定义好的标签格式打印标签。

【例 6.4】 用"学生表"作为数据源，设计如图 6.25 所示的标签报表。

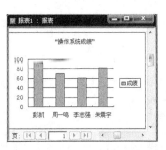

图 6.24　例 6.3 图表报表

图 6.25 标签报表

解：

（1）在相关"数据库"窗口中选择"报表"对象，然后单击工具栏上的"新建"按钮。

（2）在"新建报表"对话框中选择"标签向导"选项，并在数据源下拉列表中选择"学生表"作为数据源，然后单击"确定"按钮。

（3）在"标签向导"对话框中指定标签的型号、尺寸和类型，如图 6.26 所示。如果系统预设的尺寸不符合要求，可以单击"自定义"按钮来自定义标签的尺寸。

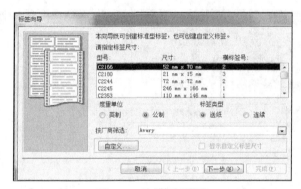

图 6.26 选择标签类型

（4）单击"下一步"按钮，在随后显示的"标签向导"对话框中设置标签文本的字体和颜色，如图 6.27 所示。

图 6.27 选择标签文本的格式

（5）单击"下一步"按钮，在下一个"标签向导"对话框中确定标签的显示内容及布局。标签中的文字可来自左侧的字段值，也可直接添加。本例选择"姓名"、"专业"2 个字段，并直接输入"邮编210046"和"财经大学"等文字，布局如图 6.28 所示。

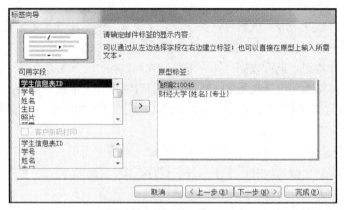

图 6.28　确定标签的内容和布局

（6）单击"下一步"按钮，可以在显示的"标签向导"对话框中选择排序字段。本例不选择字段排序，如图 6.29 所示。

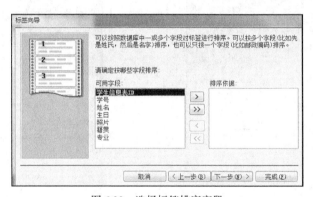

图 6.29　选择标签排序字段

（7）单击"下一步"按钮，在显示的对话框中指定标签的名称。本例输入"学生标签"，如图 6.30 所示，然后单击"完成"按钮，此时屏幕显示创建好的标签报表，如图 6.25 所示。如果不满意，可以选择到设计视图中进行修改。

图 6.30　给标签命名

6.3 利用设计视图建立报表

通过报表向导来创建报表，虽然可以快捷地建立报表，但是所建报表比较简单。设计视图可以对已创建的报表进行再设计，或直接重新通过报表设计视图建立一个新的的报表，再选择数据源，使用控件显示文本和数据，进行数据计算、汇总，或调整控件。实际应用中，一般先利用报表向导创建一个报表，再切换到设计视图中进行修改。设计视图是功能最强大的报表设计工具。

【例6.5】 选择"课程表"为数据源，使用"设计视图"来创建名为"课程基本信息"的报表。

解：

（1）在相关"数据库"窗口中选择"报表"对象，然后单击工具栏上的"新建"按钮。

（2）在出现的"新建报表"对话框中选择"设计视图"选项，并在"数据源"下拉列表中选择"课程表"作为数据源，再单击"确定"按钮。

（3）在打开的对话框中只有 3 个节，没有报表页眉/页脚，如图 6.31 所示。如果想要对报表页眉/页脚进行设置，可以选择菜单视图中的报表页眉/页脚命令，此时其"设计视图"出现了 5 个节，如图 6.32 所示。

图 6.31 在"设计视图"中创建报表

图 6.32 添加的报表页眉/页脚

（4）选择"视图"菜单下的"属性"命令，打开"属性"对话框，如图 6.33 所示。通过"属性"对话框可以对报表及其控件进行设置。

图 6.33 "报表"属性对话框

（5）选取"控件"窗口中的"标签"控件为报表中"报表页眉"节添加一个标签控件，输入文本"课程基本信息"，然后使用"属性"对话框中的"格式"选项设置对字体、字号等进行设置。

然后选定该标签，再选择"格式|大小|正好容纳"菜单命令，将标签大小设置为"正好容纳"。

（6）在"课程表"的字段列表中，按住 Shift 键并将"课程编号"、"课程名称"、"课程类别"、"学分"、"上课教室"、"教师姓名"、"专业"和"上课时间"分别单击而同时选中，然后拖动到"主体"节里，创建字段控件及其附加的关联标签。设置后的效果如图 6.34 所示。

（7）把"课程编号"字段控件拖动到"页面页眉"节中，并调整标签和相应的文本框，使之水平排列；然后对各个控件的大小、位置等属性进行设置，并通过移动调整，使其处于合适的位置；还可以根据需要调整页面页眉和主体节的高度。格式化的设置方法和在窗体设计时相同。

（8）单击"保存"按钮，在出现的对话框中将该报表命名为"课程基本信息"，然后保存。完成后的设计视图如图 6.35 所示。

图 6.34　报表页眉设置及添加字段

图 6.35　在设计视图中建立的报表

（9）选择"视图"菜单下的"打印预览"命令，可以看到报表的显示效果如图 6.36 所示。

图 6.36　打印预览报表

6.4　报表的排序与分组

可以选择某些字段对设计的报表进行排序和分组。

6.4.1　报表的排序

在报表的设计视图中，可以按照某个字段或表达式的值对记录进行排序，使报表更加清晰，数据排列更加有规律。

如果使用"报表向导"创建报表，则在"报表向导"对话框中设置字段排序时，最多只可以设置 4 个字段对记录排序。而在报表的"设计视图"中，在"排序与分组"对话框中最多可以设置 10 个字段或表达式对记录进行排序。

在报表的"设计视图"中，设置报表记录排序的一般操作步骤如下。

（1）在报表的"设计视图"中，单击工具栏上的"排序与分组"按钮，或选择"视图"菜单中的"排序与分组"命令，打开"排序与分组"对话框。

（2）在对话框的"字段/表达式"列的第 1 行单元格中，选择要用的字段或键入以等号"="开头的表达式。系统把第 1 行"排序次序"单元格默认设置为"升序"。如要改变排序次序，可在"排序次序"的下拉列表中选择"降序"。第 1 行的字段或表达式具有最高排序优先级，第 2 行次之，以此类推。

【例 6.6】 在"教学管理"数据库中，以 "学生表"报表为基础，建立先按"专业"字段升序，再按"学号"字段降序排序的报表。

解：

（1）选择相关数据库，选定窗口中的"报表"对象。

（2）选中"学生表"报表，单击工具栏中的"视图"按钮，打开该报表的"设计视图"窗口，如图 6.37 所示。

图 6.37　报表窗口

（3）选择"视图"菜单中的"排序与分组"命令，打开"排序与分组"对话框，在该对话框第 1 行的"字段/表达式"单元格中，选择"专业"字段，在第 1 行的"排序次序"列单元格中，设置为"升序"。在第 2 行的"字段/表达式"列单元格中，选择"学号"字段，在第 2 行的"排序次序"单元格中，设置为"降序"，如图 6.38 所示。

（4）单击"保存"按钮，并返回数据库窗口，将刚才设计好的"学生表"报表双击打开预览，如图 6.39 所示。

图 6.38　"排序与分组"对话框

图 6.39　排序后的"打印预览视图"

6.4.2 报表的分组

对报表设置数据分组是指把相关的记录集中放在一起。分组的目的是以某指定字段为依据，将与该字段有关的记录放在一起打印。可以为所分的组设置放在一起打印的说明文字和汇总数据。报表最多可以按 10 个字段或表达式进行分组。通过设置排序字段的"组页眉"和"组页脚"来实现对记录设置分组。

【例 6.7】 在"查询"对象中创建 1 个"成绩表查询"，然后以"成绩表查询"为数据源建立 1 个报表，以学号和姓名为组，按学号升序排列，显示学生的课程名称、分数和专业。

解：

（1）在"查询"对象中创建 1 个"成绩表查询"，如图 6.40 所示。

（2）在相关数据库中选择"报表"对象，单击"新建"按钮，选择"设计设图"选项来建立报表，并且选择数据源为"成绩表查询"，单击"确定"按钮。

（3）此时显示报表的"设计"视图，同时也出现了"字段列表"。将字段列表中的所有字段都选中（按住 Shift 键点击第 1 个字段和最后 1 个字段），并拖动到设计视图的"主体"节里，如图 6.41 所示。

图 6.40 "成绩表查询"窗口

图 6.41 添加字段到主体节

（4）单击工具栏上的"排序与分组"按钮，打开"排序与分组"对话框，在第 1 行"字段/表达式"右侧的下拉列表中选择"学号"字段，在"排序次序"右侧下拉列表中选择"升序"，在"组属性"下"组页眉"右侧的下拉列表中选择"是"，"组页脚"右侧下拉列表中选择"是"，如图 6.42 所示。

（5）此时，在设计视图中的"页面页眉"节与"主体"节中间会出现"学号页眉"节，把学号和姓名字段拖动到"学号页眉"节中，并从"工具箱"窗口中选择"直线"控件，在"学号页脚"底部添加一条直线，作为组间的分割线，选中标签"学号:"剪切并粘贴到"页面页眉"节。用同样的方法，将其他字段也拖动到"页面页眉"节。调整各控件的大小和位置，如图 6.43 所示。

图 6.42 "排序与分组"对话框

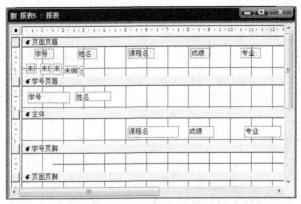

图 6.43 把分组字段拖移到组页眉节中

（6）将设计好的报表保存为"成绩表查询"报表。选择"预览"命令，打开设计好的报表预览视图，出现如图 6.44 所示的效果。

图 6.44 "成绩表查询"报表结果

6.5 报表的计算

可以通过在报表中添加计算控件，对数据进行计算或者各类统计。

在报表设计视图中，一般使用未绑定的文本框作为计算控件。另外，组合框和列表框等具有"控件来源"属性的控件也可以用于报表中显示或计算数据。当使用文本框时，在其中先输入一个等号"="，再接一个计算式。该计算式是一种可包括系统函数的合法表达式。如果要进行分组统计计算，计算控件应该添加到"组页眉"节或"组页脚"节中，而如果要对报表的所有记录进行统计计算，计算控件应该放到"报表页眉"节或"报表页脚"节中。

【例 6.8】 设有如图 6.45 所示的教师表。以此表为数据源，创建一个表格式报表统计教师年龄，要统计总人数、平均年龄、最大年龄和最小年龄，表中主体部分要显示教师编号、姓名、性别和年龄。

图 6.45 教师表

解：

（1）进入相关数据库，选择"报表"对象，单击"新建"按钮，在对话框中选择"设计视图"，在数据源中选择教师表，单击"确定"按钮。

（2）从字段列表中选取"教师编号"、"姓名"、"性别"和"年龄"字段，并将它们拖动到设计视图窗口"主体"节中，形成 4 个与教师表绑定的文本框控件，再通过"复制"、"粘贴"或"剪切"等手段，分别将 4 个关联的标签拖动到"页面页眉"节中，并调整好位置。

（3）调整"主体"节中各文本框的属性、大小和位置布局，在工具箱中单击"直线"按钮，在"页面页眉"节中的底部画一条直线。

（4）选择"视图"中的"报表页眉/页脚"命令，在新出现的"报表页眉"节中添加一个"标签"控件，设置其"标题"为"教师年龄统计"。类似地在"报表页脚"节顶部也画一条直线，作为对下面统计信息的分割。

（5）在"报表页脚"节中所画直线的下方添加 4 个未绑定的文本框，作为要进一步设置的计算控件。第 1 个文本框的标签设置为"总人数"，在该文本框中输入计算式"=Count(*)"；第 2 个文本框的标签设置为"平均年龄"，在该文本框中输入计算式"=Avg([年龄])"；第 3 个文本框的标签设置为"最大年龄"，在该文本框中输入计算式"=Max([年龄])"；第 4 个文本框的标签设置为"最小年龄"，在该文本框中输入计算式"=Min([年龄])"。

（6）调整各个节中控件的大小、布局，还可以进一步设置字体等属性。此时完成的报表设计视图如图 6.46 所示。

图 6.46 加入计算控件的设计视图

（7）选择"打印预览"视图，观看到各条记录的输出效果。在报表的底部显示出对总人数、平均年龄、最大年龄和最小年龄的统计结果，如图 6.47 和图 6.48 所示。

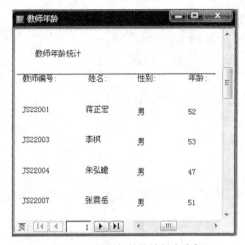

图 6.47　教师年龄统计报表头部

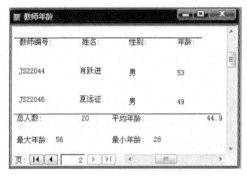

图 6.48　教师年龄统计报表尾部

（8）单击"保存"按钮，并给报表起名为"教师年龄统计"。

6.6　报表的外观处理

Access 2003 提供了自动套用格式、添加背景图片、用分页符强制分页、加入当前日期等手段对报表的外观进行处理。

6.6.1　自动套用格式

Access 2003 提供了多种定义好的报表格式。在创建报表时可以选择套用这些格式，而且可以在设计视图中对已有报表进行修改时套用它们，操作步骤如下。

（1）选中要套用格式的报表，再进入设计视图。

（2）选中报表里需要套用格式的部分，可以是某个节，某个控件，或者是整个报表。

（3）选择"报表设计"工具栏中的自动套用格式按钮，屏幕显示如图 6.49 所示对话框。

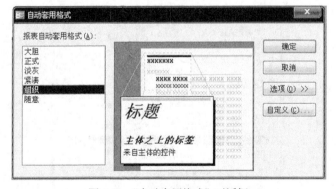

图 6.49　"自动套用格式"对话框

（4）在左半区的"报表自动套用格式"列表框中选择一种格式。如果需要对所选格式的字体、颜色等做进一步的设置，可以单击右半区的"选项"按钮，在出现的对话框中进行操作。

（5）单击"确定"按钮，完成套用。

6.6.2 添加背景图片

系统除了具有给报表添加背景图案的功能外，还具有在报表页眉节添加图像控件以显示各种图标的功能。

1. 为报表添加背景图片

【例 6.9】 为相关报表添加背景图片。

解：

（1）打开相关报表，进入报表设计视图。

（2）选择"视图 1 属性"菜单命令，打开报表属性窗口，或直接在工具栏中单击"属性"按钮来打开报表属性窗口。

（3）在"属性"窗口中，选择"格式"，在"图片"选项对应的文本框右边的按钮中打开"插入图片"对话框，选择一个已有的背景图片文件。报表对象的格式属性如图 6.50 所示。

（4）保存设计的报表，然后打开"预览"视图，显示效果如图 6.51 所示。

图 6.50 在属性窗口中设置报表图片属性

图 6.51 添加图片后的报表显示效果

2. 在报表页眉/页脚插入图片

还可以在报表的指定位置插入公司的徽标、Logo 图形等，使报表变得更加美观、清晰。

【例 6.10 】 为例 6.9 的报表抬头添加学校的徽标。

解：

（1）准备好要作为徽标的图片文件。

（2）打开报表，进入报表设计视图。

（3）选择控件工具箱上的"图像"按钮，在报表页眉节的左上方创建图像控件。

（4）在出现的"插入图片"对话框中选择要插入的图片文件。

（5）可以调整报表页眉节中图像控件的大小及其位置，进入报表打印预览视图，查看修改后的报表预览效果，如图 6.52 所示。

利用类似的方法，可以对各区域的背景色进行设置。

图 6.52 添加徽标后的报表外观

6.6.3 添加分页符强制分页

在报表设计时，可以通过在某节中添加分页符控件来标志需要另起一页的位置。执行时到此

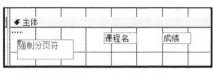

图 6.53　设置分页符

位置会强制换页。添加分页符的具体操作如下。

（1）打开需要添加分页符的报表，切换到设计视图，单击工具箱中的"分页符"按钮。

（2）在报表中需要分页的位置单击鼠标左键，即可在此位置的水平左边界插入 1 个形如"……"的分页符控件，如图 6.53 所示。

如果需要使报表中的每条记录或每个记录分组均另起一页打印，可以通过在"属性"窗口设置主体节或组页眉、组页脚的强制分页属性来实现。

6.6.4　添加日期和时间

当利用"自动报表"和"报表向导"创建报表时，系统自动在报表页脚处生成显示当前日期和页码的 2 个文本框控件。如果是在设计视图中自定义生成的报表，可以通过系统提供的"日期和时间"对话框，为报表添加日期和时间。相关操作步骤如下。

（1）打开相应的报表，切换到设计视图中，选择"插入 1 日期和时间"菜单命令，打开"日期和时间"对话框，如图 6.54 所示。

（2）如果要添加日期，则选中"包含日期"复选框，然后设置相应的日期格式选项。如果要添加时间，则选中"包含时间"复选框，然后设置相应的时间格式选项。或者 2 个都选，然后单击"确定"按钮。

（3）可以将生成的日期或时间文本框，移动到报表中合适的位置。

另外，也可以在报表中添加一个文本框控件，将其来源控件属性设置为日期或时间的表达式，显示日期和时间的文本框控件可以放置在报表中的任意位置。

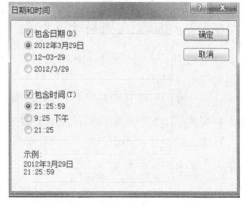

图 6.54　"日期和时间"对话框

6.7　报表的预览和打印

设计、创建报表主要是为了打印输出报表。为了能够打印出理想的报表，系统提供了对报表的各种页面参数进行设置的功能。在打印之前，还可以在屏幕上预览打印的效果，以判断是否符合用户的要求。

6.7.1　页面的设置

Access 2003 设置报表页面的功能与操作类同于其他 Office 软件，主要有设置页面的大小、打印方向、报表列数等。主要操作步骤如下。

（1）打开要设置页面的相关报表，选择"文件"菜单中的"页面设置"命令。

（2）在出现的"页面设置"对话框中进行页面设置，如图 6.55 所示。

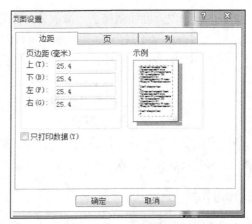

图 6.55　页面设置

"边距"选项卡用于设置页边距，且可以选择是否"只打印数据"；"页"选项卡用于设置打印方向、纸张大小和打印机型号；"列"选项卡用于设置报表的列数、列尺寸和列布局。

6.7.2　报表的打印预览

预览是为了避免打印不合要求的报表。打印之前可先在显示器上查看打印的效果，符合要求后再确认可以打印。

选择"文件"菜单中的"打印预览"命令，打开"打印预览"对话框。此时会显示报表一页中的所有数据。在数据库窗口的报表对象中双击某个报表，也可打开报表的打印预览视图。

在报表的设计视图中，在"视图"菜单下可以选择"版面预览"和"打印预览"2 种命令。"版面预览"主要用于查看报表的版面布局，它只有在报表设计视图中才能运用，且只显示报表中的部分数据。而"打印预览"视图可以显示报表每一页中的全部数据。

6.7.3　报表的打印

有如下 2 种打印报表的方法。

（1）选择"文件"菜单中的"打印"命令，打开"打印"对话框进行设置。单击"确定"按钮，就可以开始打印报表，如图 6.56 所示。

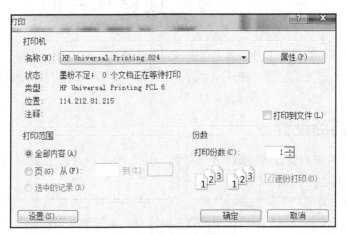

图 6.56　打印报表对话框

（2）在报表的打印预览视图或版面预览视图中打开报表，单击工具栏上的"打印"按钮，即可开始打印。但此时不能对打印范围和份数进行选择。

本章小结

1.　报表设计的结果是为了打印。可以在报表中设置控件安排各种版式、计算和数据统计等。报表通常由报表页眉、页面页眉、主体、页面页脚和报表页脚 5 个节组成。

2.　报表主要有表格式报表、图表式报表、标签式报表和纵栏式报表 4 种类型。

3.　Access 2003 中有设计视图、打印预览视图和版面预览视图 3 种视图种类。

4.　自动创建报表可以快速创建纵栏式或表格式报表。

5.　利用报表向导可以根据需要选择报表的布局、打印范围和式样。

6.　利用图表向导可以方便地创建图表式报表。

7.　利用标签向导可以方便地将数据源中的数据设计成标签形式。

8.　利用设计视图可以设计新的报表，或者对已有的报表进行修改，能够使用各种控件进行显示、设置、分组、汇总和计算。

9.　在设计视图中可以按照某字段或表达式的值对记录进行排序。

10.　通常以指定字段为依据，将相关记录分组放在一起打印。

11.　在报表中可以添加计算控件对数据进行计算或统计。

12.　可以对报表自动套用已有的格式、添加背景图片、强制分页符、添加日期和时间。

13.　可以对打印页面进行设置、预览和打印。

习　　　题

一、概念与问答题

1.　报表是什么，它有何作用？

2.　报表的数据源有哪些？

3.　建立报表的方法有哪几种，各自的特点是什么？

4.　报表和窗体有什么区别？

5.　报表通常由哪些部分组成，各部分的作用是什么？

6.　报表页眉、页脚与页面页眉、页脚之间是何关系？

7.　如何在报表中对数据排序？

8.　如何在报表中对数据分组？

9.　如何实现在报表中的计算？

10.　计算控件如何使用？

二、是非判断题

1.　如果报表中的标题名称等不能完整显示出来，可以通过设计视图来调整。（　　　）

2.　在报表的各个区域，都可以设置不同的背景色。（　　　）

3．"图表向导"只能处理单一数据源中的数据。（   ）

4．报表可以显示、修改和打印数据源中的数据。（   ）

5．报表页眉可以选择放在报表的任何位置。（   ）

6．"自动创建报表"方式不能选择要打印的字段。（   ）

7．"报表"方式不能选择报表的布局与打印范围。（   ）

8．在"标签向导"对话框中不能选择排序字段。（   ）

9．利用设计视图创建报表功能可以对已有报表进行修改。（   ）

10．对记录设置分组是通过设置排序字段的组页眉和组页脚实现的。（   ）

11．在设计视图中，只能用文本框设置计算控件。（   ）

12．在报表设计时，可以通过控件来强制分页。（   ）

三、选择题

1．在设计视图中创建报表时，Access 2003 提供的设计工具包括_____。

（A）报表设计工具栏 （B）工具箱

（C）属性对话框 （D）以上都对

2．通过设置_____，可以实现报表按某字段分组统计输出。

（A）主体 （B）页面页脚

（C）该字段组页脚 （D）报表页脚

3．如果要统计并打印报表中的记录个数，可在相关计算控件中输入计算式_____。

（A）=Count(*) （B）Count(*)

（C）=Sum(*) （D）Sum(*)

4．如果在报表中将数据按不同的类型分别集中在一起，称为_____。

（A）分组 （B）排序

（C）数据筛选 （D）合计

5．关于报表与窗体的区别，不正确的说法是_____。

（A）报表可以分组记录，窗体不可以分组记录

（B）报表不能修改数据源记录，窗体可以修改数据源记录

（C）报表和窗体都可以打印预览

（D）报表可以修改数据源记录，窗体不能修改数据源记录

6．下列正确的是_____。

（A）报表不能输入和输出数据 （B）报表可以输入和输出数据

（C）报表只能输出数据 （D）报表只能输入数据

7．如果要设置报表的属性，需在_____下操作。

（A）页面视图 （B）报表视图

（C）打印视图 （D）报表设计视图

8．在报表的设计视图中，可以添加的控件是_____。

（A）文本框 （B）直线

（C）标签 （D）以上都可以

9．以下哪些是报表不能完成的工作_____。

（A）汇总数据 （B）格式化数据

（C）输入数据 （D）分组数据

10. 在报表设计视图中，如果要在报表每一页的顶部都打印相同的信息，可在_____节
    设置。
    （A）页面页脚　　　　　　　　　　　（B）报表页眉
    （C）页面页眉　　　　　　　　　　　（D）主体

11. 如果要实现对报表的分组统计，应该选择的操作区域是_____。
    （A）主体区域　　　　　　　　　　　（B）报表页眉或报表页脚区域
    （C）组页眉或组页脚区域　　　　　　（D）页面页眉或页面页脚区域

12. 利用报表设计视图，可以创建_____。
    （A）标签报表　　　　　　　　　　　（B）纵栏式报表
    （C）表格式报表　　　　　　　　　　（D）以上都正确

13. 针对报表以下哪一个是正确的？_____
    （A）报表只能输入/输出数据　　　　（B）报表能输出数据和实现一些计算
    （C）报表与数据表功能一样　　　　　（D）报表与查询功能一样

14. 要放置只在报表最后一页主体内容之后输出的内容，需要设置的节是_____。
    （A）报表页脚　　　　　　　　　　　（B）页面页脚
    （C）报表页眉　　　　　　　　　　　（D）页面页眉

15. 在报表设计视图中，从"字段列表"框向窗体内拖入一个数字型字段，将自动
    生成一个_____控件。
    （A）列表框　　　　　　　　　　　　（B）组合框
    （C）选项按钮　　　　　　　　　　　（D）文本框

16. 以下可以直观地显示出数据之间关系的报表形式是_____。
    （A）图表报表　　　　　　　　　　　（B）标签报表
    （C）纵栏式报表　　　　　　　　　　（D）表格式报表

17. 可以作为报表数据源的是_____。
    （A）只能是查询对象　　　　　　　　（B）只能是表对象或查询对象
    （C）可以是任意对象　　　　　　　　（D）只能是对象

18. 可以在报表设计中做绑定控件显示字段数据的是_____。
    （A）命令按钮　　　　　　　　　　　（B）图像
    （C）标签　　　　　　　　　　　　　（D）文本框

19. 实现报表总计的操作区域是_____。
    （A）页面页眉　　　　　　　　　　　（B）页面页脚
    （C）报表页脚/页眉　　　　　　　　　（D）组页脚/页眉

20. 如果需要在报表的每一页的底部都输出信息，应该在_____区域进行设置。
    （A）报表页脚　　　　　　　　　　　（B）页面页眉
    （C）页面页脚　　　　　　　　　　　（D）报表页眉

21. 不可以作为报表数据源的是_____。
    （A）已有的查询　　　　　　　　　　（B）已有的报表
    （C）多个相关的表　　　　　　　　　（D）单个表

22. 要在报表中计算"成绩"字段的最高分，应将控件的"控件来源"属性设置为_____。
    （A）=Max[成绩]　　　　　　　　　　（B）=Max(成绩)

（C）=Max([成绩])　　　　　　　　　　（D）Max（成绩）

23. 以下可以在报表设计中做绑定控件，显示字段数据的是_____。

（A）文本框　　　　　　　　　　　　　（B）标签

（C）命令按钮　　　　　　　　　　　　（D）图像

24. 如果要统计报表中某个字段的全部数据，报表设计时计算表达式应放在_____。

（A）页面页眉/页面页脚　　　　　　　　（B）组页眉/组页脚

（C）主体　　　　　　　　　　　　　　（D）报表页眉/报表页脚

25. 若将报表中某个文本框对象的控件来源属性设置为"=3*8+9"，则在打印预览视图中，该文本框显示的内容是_____。

（A）=3*6+8　　　　　　　　　　　　（B）出错

（C）3*6+9　　　　　　　　　　　　　（D）27

四、填空题

1. 报表设计视图中默认的 3 个节是_____、_____和_____。

2. 为了使报表中的数据按一定的顺序及分组输出，同时还可以进行分组汇总，可以对报表进行_____的设置。

3. 在设计报表时通常使用_____的文本框作为计算控件。其他还有_____和_____也可以作为计算控件。

4. 报表页眉中的信息只能在报表的_____输出。

5. 报表的_____部分是不可缺少的主要内容。

6. Access 2003 为报表的设计和查看提供了_____、_____和_____3 种视图。

7. 一个报表设计最多可由报表页眉、报表页脚、_____、_____、_____组成。

8. Access 2003 的报表可分为纵栏式报表、_____、_____和_____4 种类型。

9. 设计的报表分页符以_____标志出现在报表的左边界。

10. Access 2003 的自动报表功能要求用户先选择报表类型为_____或者_____，然后选取数据源，最后自动生成相应的报表。

11. Access 2003 中的报表页眉、页脚主要用于报表的_____、制作时间和制作者等信息的_____输出。

12. 报表的数据来源可以是_____和_____。

13. Access 2003 报表通常由报表页眉、_____、_____、_____和报表主体部分构成。

14. 选择"视图"菜单下的_____命令，可以在报表设计视图中增加"报表页眉"和"报表页脚"2 个节；当对报表中的记录进行分组统计输出时，在报表设计视图中还可以增加_____节和_____节。

15. 报表必须有 1 个_____节，根据其中字段数据的显示方式，可将报表分为_____报表和_____报表。

16. 常见的信息输出形式是通过屏幕显示，或通过_____。

17. 报表的分组与排序，应该通过指定_____字段、_____字段，并设置相关属性来实现。

第 7 章
数据访问页

数据访问页对象主要用于数据库中数据的网络存取，可以将数据通过网页在网络上发布，其主要功能是为网络用户提供一个通过浏览器访问数据库的途径。

7.1 基本概念

可以利用数据库中的数据生成网页文件，即静态网页；也可以生成动态网页，实现对数据记录的显示、修改、计算等操作，即数据访问页。

数据访问页的一个特别之处是可以利用电子邮件方便、快捷地发送数据。

7.1.1 数据访问页的类型

数据访问页与 Access 2003 中其他对象的存储有所不同，它单独存储在数据库之外的目录中，是一个 HTML 类型的文件。有 2 种常见类型的数据访问页。

1. 交互式报表

交互式报表常用于对数据库中的数据进行分组与合并，在网上发布数据汇总信息。可以在其中添加一些工具栏按钮，对数据进行排序、编辑等操作。

2. 数据分析页

为便于浏览者重新安排数据，并以不同的方式分析数据，Access 2003 提供了一种类似于 Excel 中的数据透视表报表。数据分析页还可包含用于分析、比较的图表，用于编辑、计算的电子表格。

7.1.2 数据访问页的视图种类

Access 2003 中有 3 种视图。

1. 页面视图

页面视图用于打开和查看已创建的数据访问页，提供了展开或折叠方式显示数据库的统计或详细数据，如图 7.1 所示。

图 7.1 数据访问页的页视图

2. 设计视图

与报表的设计视图类似，数据访问页的设计视图可以用于创建和修改已有的数据访问页。在设计视图中可以对数据访问页添加、设置控件，调整布局，与表或查询建立联系，设置分组，其设计视图如图 7.2 所示。

，系统提供了相关的工具栏与工具箱。图 7.3 所示是工具箱。

图 7.2 数据访问页的设计视图 　　　　　　图 7.3 数据访问页的工具箱

3. 网页预览视图

网页预览视图是在 Web 浏览器中显示数据访问页的视图。可以从上述页面视图或设计视图转换到相关数据访问页的网页预览视图。

7.1.3 数据访问页的打开方式

Access 2003 的数据访问页对象只能由 Microsoft 的 IE 浏览器打开、使用。有以下 2 种打开数据访问页对象的方式。

1. 在 Access 2003 数据库中打开数据访问页

Access 2003 常在页面视图打开、查看数据访问页，其方法是先选中数据库窗口中的页对象，然后从列表中选择要打开的数据访问页，再单击工具栏中的"打开"按钮，或者直接双击要打开的页对象；还可以在设计视图中打开。

2. 在 IE 浏览器中打开数据访问页

进入存放数据访问页的文件夹，双击要打开的数据访问页文件图标，或者先打开 IE 浏览器，在地址栏中输入要打开的数据访问页的 URL 路径。在网络上要先选择一台 Web 服务器，要为数据访问页指明连接服务器的 URL 路径。

注意：因为数据访问页与源数据库直接相关，如果对页中的数据进行的改动，都会保存到源数据库中，而查看数据访问页的所有其他用户都能够看到这些改动。因此，应该对数据访问页连接的源数据库进行安全设置。

7.2 数据访问页的创建

数据访问页的创建方法与窗体和报表类似，可以用自动创建向导和设计视图创建，还可以将已存在的窗体、报表或网页转换为数据访问页。

建立好的数据访问页是实际存储在 Access 数据库之外的独立文件，但在数据库窗口的页对象下有该文件的快捷方式，可以直接选取。

7.2.1 自动创建数据访问页

自动创建是创建数据访问页的最简单方法，其格式由系统预先规定，并且自动为用户设定。

【例 7.1】　利用"自动创建数据页"功能，建立一个以"成绩表"为数据源的数据访问页。

解：

（1）打开相关数据库，选择数据库窗口中的页对象，单击"新建"按钮，显示"新建数据访问页"对话框。

（2）在对话框里选择"自动创建数据页：纵栏式"，在下半区的选择数据来源的下拉列表中选择"成绩表"，如图 7.4 所示。

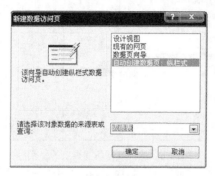

图 7.4　"新建数据访问页"对话框

（3）单击"确定"按钮，系统自动建立相关的数据访问页，如图 7.5 所示。

图 7.5　自动创建的数据访问页

（4）单击"保存"按钮，根据提示选择保存路径与文件名。本题的默认文件名为"成绩表.htm"，单击"确定"按钮即可完成创建。

在图 7.5 中可以看到，每个字段及名称都单独显示在一行上，页面的下方是记录导航工具栏，可以进行翻看、排序和筛选等操作。另外当鼠标指向数据库"页"对象中某数据访问页文件的快捷方式图标时，会显示出对应文件的保存路径。

7.2.2　使用向导创建数据访问页

向导会以提问的方式引导生成其需要的数据访问页。利用向导可以从多个数据源中选取所需的字段，还可以选择字段对数据访问页中的数据记录进行分组或排序。

【例 7.2】　利用"教师表"和"课程表"作为数据源，通过向导创建一个名为"教师上课表"的数据访问页，其中含有"教师编号"、"姓名"、"职称"和"课程名"字段。

解：

（1）打开相关数据库，在"页"对象中，单击"新建"按钮，在打开的对话框中选择"数据页向导"，单击"下一步"按钮。

"数据页向导"对话框左侧的"表/查询"下拉列表中选择"教师表",把可用
编号"、"姓名"和"职称"字段添加到右边"选定的字段"区域。类似地将"课
课程名"字段也添加到"选定的字段"区域,如图 7.6 所示。

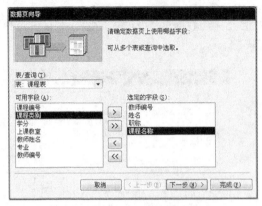

图 7.6　选择数据访问页上的字段

(3)单击"下一步"按钮,在显示的对话框中选择不要分组,如图 7.7 所示。

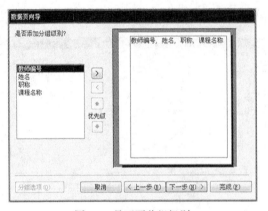

图 7.7　是否要分组级别

(4)单击"下一步"按钮,在显示的对话框中可以选择是否要排序。本题选择"姓名"字段
按升序排序,如图 7.8 所示。

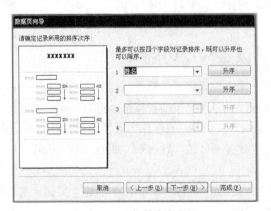

图 7.8　选择排序字段

（5）单击"下一步"按钮，在显示的对话框中指定数据访问页的标题。本题指定为"教师上课表"，并选择"打开数据页"单选按钮，表示在数据页创建完成后立即打开它，如图 7.9 所示。

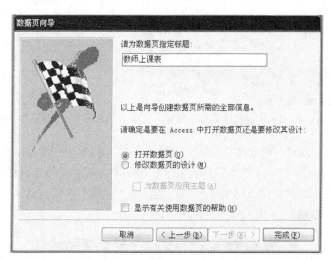

图 7.9 指定数据页标题

（6）单击"完成"按钮，完成数据页的创建，此时会打开显示如图 7.10 所示的数据页。

图 7.10 完成的"教师上课表"数据访问页

（7）单击工具栏上的"保存"按钮，在显示的对话框中输入保存的路径和文件名，本题为"教师上课表.htm"。

7.2.3 使用设计视图创建数据访问页

可以利用设计视图创建新的数据访问页，也可以利用它对已有的数据访问页进行修改、完善，类似于窗体和报表的设计视图。系统提供了"页设计"的工具栏、工具箱、字段列表、属性等设计工具。工具箱里增加了一些用于网页设计的工具按钮，显示的"字段列表"中包含了当前数据库中所有表和查询的字段。

【例 7.3】 用教师表创建一个数据访问页。要求以院系作为分组级别，同时显示教师编号、姓名和职称。

解：

（1）打开相关数据库，选择"页"对象，在窗口中直接双击"在设计视图中创建数据访问页"选项，或者单击"新建"按钮进入设计视图，同时调用"工具箱"与"字段列表"，如图 7.11 和图 7.12 所示。

教程

图 7.11 设计视图及其工具箱 　　　　图 7.12 所有数据源的字段列表

（2）在字段列表中展开"教师表"，将其中的"系别"（院系）字段拖动到设计视图中，生成"页眉：教师表"节及相应的一个文本控件，一个"教师表"记录导航工具栏同时会出现在底部。

（3）从字段列表中继续将"教师编号"、"姓名"和"职称"字段拖动到"页眉：教师表"节中，并安排其布局，如图 7.13 所示。

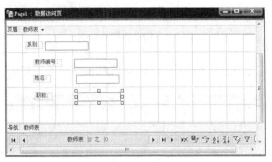

图 7.13 将相关字段拖到数据访问页

（4）将光标指向"系别"对应的文本框并单击右键，从出现的快捷菜单中选择"升级"命令，把"系别"字段设置为分组级别字段，系统会自动分出分组节，并将"系别"字段放入其中。此时一个"教师表-系别"记录导航工具栏会在数据页底部生成。

（5）在设计视图的顶部单击鼠标，在出现的插入光标处输入标题"各院系教师表"，此时还可以设置其字体、字号等，完成的数据访问页如图 7.14 所示。

图 7.14 设计好的数据访问页

（6）单击"保存"按钮，给该数据访问页起名，并存放到相关目录中。

（7）选择页面视图，显示设计好的数据访问页，如图 7.15 所示。

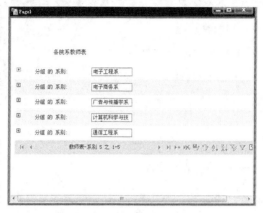

图 7.15 打开的数据访问页

（8）此时数据访问页显示出各系别（院系）分组。每个分组的左侧都有一个展开按钮"+"。可以单击其中某一个"+"，即可显示出该系别（院系）所有教师记录的教师编号、姓名和职称，如图 7.16 所示。

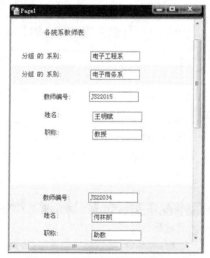

图 7.16 分组展开数据记录

7.2.4 使用其他对象直接转换到数据访问页

在 Access 2003 中可以将数据表、查询、窗体或者报表对象通过"另存为"命令直接转换到数据访问页。

【例 7.4】 将教师年龄报表直接转换为数据访问页。

解：

（1）打开相关数据库，选择"报表"对象，选取"教师年龄"报表并右键单击，在显示的快捷菜单中选择"另存为"命令。

（2）在打开的对话框中输入名称"教师年龄"，在保存类型下拉列表中选择"数据访问页"。

"按钮，生成相应的数据访问页。转换到页面视图中打开，如图 7.17 所示。

图 7.17　通过报表转换的数据访问页

7.3　数据访问页的编辑

对于设计好的数据访问页，可以在设计视图里对页中的节、控件等进行编辑和修改。

7.3.1　添加命令按钮

命令按钮可以对数据记录进行浏览与操作。添加的操作步骤如下。

（1）单击设计视图工具箱中的"命令"按钮。

（2）将光标指向页内要添加命令按钮的位置，单击左键。

（3）在出现的"命令按钮向导"对话框中对"类别"和"操作"框里的命令进行选择，如图 7.18 所示。

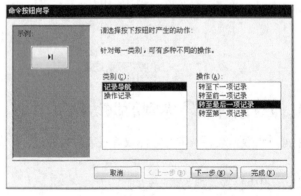

图 7.18　选择命令操作

（4）单击"下一步"按钮，在显示的对话框中可以选择显示文字还是显示图片，以及指向的链接，如图 7.19 所示。

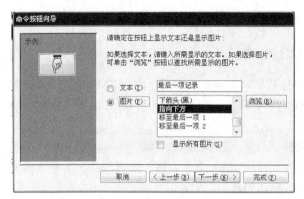

图 7.19　设置显示

（5）单击"下一步"按钮，在显示的对话框中输入该命令按钮的名称，单击"完成"按钮。

（6）可以调整命令按钮的大小和位置，还可以用鼠标右键单击命令按钮，在出现的菜单中选择"属性"命令进入属性窗口，去修改相关的属性。

7.3.2　添加标签

在数据访问页中可以通过添加标签的方法显示文本信息，主要操作步骤如下。

（1）选择页设计视图，再选择工具箱中的"标签"按钮。

（2）将光标指向页中需要添加标签的位置，按住鼠标左键拖动，制造一个合适的矩形框，再松开鼠标左键。

（3）在标签框中输入需要的文本信息。如果需要，可以利用"格式"工具栏中的工具对字体、字号等进行设置。

（4）可以利用鼠标右键单击标签，在出现的菜单中选择"属性"，以便进一步设置标签的其他属性。

7.3.3　添加滚动文字

使用添加滚动文字控件，可以在数据访问页中实现文字的滚动，主要操作步骤如下。

（1）打开数据访问页，选择进入设计视图。

（2）选择"工具箱"中的"滚动文字"按钮，把鼠标指向页中要添加滚动文字的位置，按鼠标左键拖动，形成一个控件框。

（3）在形成的文字控件框中输入要显示的文字。

（4）光标指向控件框，单击鼠标右键，在显示的菜单中选择"元素属性"。此时系统打开滚动文字的属性框，如图 7.20 所示。

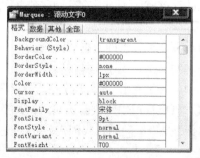

图 7.20　元素属性设置

（5）在属性框中设置字体、字号、滚动方向等属性。

7.3.4　添加 Office 组件

可以在数据访问页中加入 Microsoft 的 Office 图表、Office 电子表格等组件，通过"工具箱"向数据访问页中添加相关控件按钮。比如要添加 Office 电子表格且允许输入数据，其操作步骤如下。

（1）打开相关的数据访问页，选择进入设计视图。

（2）在"工具箱"中选择"Office 电子表格"按钮。

（3）将控件拖动到数据访问页相应位置。

（4）单击控件内部，激活电子表格。

（5）将光标指向控件内部并单击右键，在弹出的快捷菜单中选择"命令和选项"命令。

（6）在显示的"命令和选项"对话框中对电子表格进行定义，如图 7.21 所示。

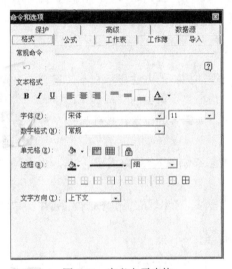

图 7.21　定义电子表格

本章小结

本章对数据访问页的概念、创建和设计等进行了介绍，主要内容如下。

1. 数据访问页与其他对象的存储有所不同。它存储在数据库之外的目录中，是 HTML 类型的文件。

2. 有交互式报表和数据分析页 2 种类型的数据访问页。

3. 有页面视图、设计视图和网页预览视图 3 种视图。

4. 数据访问页有在数据库中打开和在 IE 浏览器中打开这 2 种打开方式。

5. 使用"自动创建数据页"可以快速创建数据访问页，其格式由系统确定。

6. 使用向导创建数据访问页，是以提问的方式创建。可以从多个数据源选取字段，还可以对记录进行分组和排序。

7. 使用设计视图创建数据访问页，既能创建新的数据页，也能对已经生成的数据页进行修改、完善。系统提供了帮助"页设计"的工具栏、工具箱、字段列表和属性等设计工具。

8. 可以将数据表、查询、窗体或报表对象通过"另存为"命令直接转换到数据访问页。

9. 可以对数据访问页进行编辑，添加命令按钮，添加标签，添加滚动文字，添加 Office 组件。

习　题

一、概念与问答题

1. 数据访问页有什么作用？

2. 数据访问页与窗体、报表有何异同？

3. 自动创建页与向导创建页有何区别？

4. 可以用哪些方法创建数据访问页？简述各自的特点。

5. 有哪几种数据访问页的视图？简述各自的特点。

二、是非判断题

1. Access 2003 不能将文件输出为 HTML 网页文件格式。（　　　）

2. 数据页可以直接在网络上显示、修改。（　　　）

3. 利用向导创建数据页时，只能利用一个数据源。（　　　）

4. Access 2003 数据库生成的网页有动态和静态之分。（　　　）

5. 数据访问页可以用任何浏览器打开显示。（　　　）

6. 在页视图中可以用展开或折叠的方式显示数据。（　　　）

7. 可以通过自动创建数据访问页来修改已有的页。（　　　）

8. 因为数据访问页与源数据库相关，故对源数据库不用采取安全设置。（　　　）

9. 可以直接将数据库中的窗体和报表转换为数据访问页。（　　　）

10. 由于用向导创建数据访问页时不能进行修改，故也不能分组和排序。（　　　）

11. 利用设计视图可以创建或者修改已有的数据页。（　　　）

12. 数据访问页一旦创建并保存，就不可以再添加滚动文字等控件了。（　　　）

三、选择题

1. Access 2003 可以将数据发送到 Internet，这是通过_____。

（A）表　　　　　　（B）数据访问页　　　（C）窗体　　　　　　（D）报表

2. 以下正确的数据访问页视图方式是_____。

（A）设计视图与报表视图　　　　　　　（B）页面视图与打印浏览视图

（C）页面视图与设计视图　　　　　　　（D）设计视图与窗体视图

3. 利用"自动创建数据页"建立的数据访问页是_____。

（A）表格式　　　（B）图表式　　　（C）报表式　　　（D）纵栏式

4. 使用设计视图创建数据访问页时，"字段列表"中显示的是_____。

（A）库中所有查询中的字段　　　　　　（B）库中所有表和查询的字段

（C）库中所有表的字段　　　　　　　　（D）库中所有查询和报表的字段

5. 以下描述错误的是_____。

（A）Access 2003 数据访问页是扩展名为"".htm""的文件

（B）数据访问页可以在多种浏览器中打开

（C）数据访问页只能由 Microsoft 的 IE 浏览器打开

（D）可以直接将报表转换为数据访问页

6. Access 2003 可以直接另存为数据访问页的对象是_____。

（A）表或查询　　　　　　　　　　（B）表、查询、窗体、报表

（C）表　　　　　　　　　　　　　（D）表、窗体或报表

7. Access 2003 利用数据访问页发布的数据是_____。

（A）数据库中保存的数据　　　　　（B）静态数据

（C）数据库中保持不变的数据　　　（D）数据库中变化的数据

8. 以下不能建立数据访问页的是_____。

（A）设计视图方式　　　　　　　　（B）自动数据访问页

（C）页向导　　　　　　　　　　　（D）浏览器

9. Access 2003 可以在 Internet 上交互处理数据的对象是_____。

（A）数据访问页　　（B）窗体　　　　（C）报表　　　　（D）查询

10. 以下类型属于数据访问页的是_____。

（A）设计视图　　　（B）交互式报表　（C）向导　　　　（D）自动创建

11. 以下视图不属于数据访问页的是_____。

（A）页面视图　　　（B）设计视图　　（C）报表视图　　（D）网页预览视图

12. 使用设计视图创建数据访问页时可以利用_____。

（A）工具栏　　　　（B）工具箱　　　（C）字段列表　　（D）以上都可以

四、填空题

1. Access 2003 要向 Internet 发送数据时，采用的对象是_____。

2. 使用_____的功能，可以根据数据源的内容，自动产生具有相关字段的数据访问页。

3. 可以在数据页中添加 Office 组件，常见的有_____、_____等。

4. 数据访问页有_____、_____和_____ 3 种视图种类。

5. 创建好的数据页是存储在 Access 2003 数据库外的 1 个_____类型的文件，而在页对象窗口会显示 1 个_____。

6. 在数据访问页的设计视图的"字段列表"里，包括当前数据库中_____的字段。

7. 有_____和_____ 2 种常见的数据访问页类型。

8. 可以通过_____和_____ 2 种方式打开数据访问页。

9. 利用向导不但可以创建来自_____的数据访问页，而且可以选择字段对数据记录进行_____。

10. 自动创建数据页的格式由系统_____并且_____为用户设定。

11. 利用向导创建数据访问页时，可以选择字段对数据记录进行_____和_____。

12. 用户可以在设计视图中对数据页里的节、控件等进行_____和_____。

参考文献

[1] 徐洁磐. 数据库系统实用教程. 北京：高等教育出版社，2006.

[2] 徐洁磐，朱怀宏. 现代信息系统分析与设计教程. 北京：人民邮电出版社，2010.

[3] 张福炎、孙志辉. 大学计算机信息技术教程. 南京：南京大学出版社，2005.

[4] 卢湘鸿. 数据库 Access 2003 应用教程. 北京：人民邮电出版社，2007.

[5] 高怡新. Access 2003 数据库应用教程. 北京：人民邮电出版社，2008.

[6] 田绪红. 数据库技术及应用教程. 北京：人民邮电出版社，2010.

[7] 段雪丽. 数据库原理及应用（Access 2003）. 北京：人民邮电出版社，2010.